Tout ce que vous avez toujours
voulu savoir sur le blob
sans jamais oser le
demander

Audrey Dussutour

Tout ce que vous avez toujours voulu savoir sur le blob sans jamais oser le demander

Dessins de l'auteur

ÉQUATEURS

Collection dirigée par Olivia Recasens.

contact@editionsdesequateurs.fr
www.editionsdesequateurs.fr

À la mémoire de mon père, amoureux de la nature et amateur de champignons !

Sommaire

Avant tout...

J E suis chercheuse au CNRS, et j'étudie le comportement des fourmis et des organismes unicellulaires. Souvent, la première question que l'on me pose, c'est « à quoi servent vos recherches ? », et la deuxième, c'est « et on vous paye pour ça ? ». Pour répondre, je citerai René Bimbot et Isabelle Martelly[1] : « La recherche fondamentale a pour principal objectif la compréhension des phénomènes naturels, la mise en place de théories ou de modèles explicatifs. Elle s'intéresse, par exemple, à la façon dont les atomes s'organisent pour former des molécules ou dont les virus trouvent la "clé" des cellules pour les envahir. De son côté, la recherche appliquée se concentre sur la mise au point de nouveaux objets (logiciels, vaccins, médicaments...) ou sur l'amélioration de techniques existantes, comme la téléphonie mobile. [...] C'est pratiquement toujours la recherche fondamentale qui est à l'origine des découvertes réellement innovantes ou des sauts qualitatifs dans les performances techniques. [...] L'industrie consacre

1. « La recherche fondamentale, source de tout progrès », *La Revue pour l'histoire du CNRS*, 24, 2009.

un budget significatif à la recherche appliquée, plus rapidement productive, alors que des organismes publics, comme le CNRS ou l'Université prennent en charge l'essentiel de la recherche fondamentale. Dans un contexte économique difficile, la tentation est grande de réduire les moyens attribués à cette dernière. Mais, si les conséquences d'une telle réduction peuvent tout d'abord passer inaperçues, elles seraient à coup sûr catastrophiques à long terme. Sacrifier la recherche fondamentale constituerait un véritable suicide, intellectuel et économique. »

La nature, si tant est qu'on l'observe, est une source d'inspiration infinie. Les exemples sont nombreux. Afin de limiter les nuisances sonores, le TGV japonais s'est inspiré de la forme du bec du martin-pêcheur, oiseau aux couleurs chatoyantes qui plonge dans l'eau pour attraper des poissons. Certaines attaches adhésives imitent les doigts en ventouse de petits lézards appelés geckos. Mais les exemples qui me sont chers sont les innovations issues de l'observation des insectes sociaux. Il existe des immeubles qui maximisent leur capacité thermique à la façon des termitières. Les termites sont en effet des architectes hors du commun capables de construire de vastes et complexes structures entièrement chauffées et climatisées, en se passant bien sûr d'électricité. Ces nids peuvent atteindre 10 mètres de haut, ce qui représente 3 500 termites mises bout à bout. À titre de comparaison, le bâtiment le plus haut jamais construit par l'homme est la tour de Shanghai culminant à 828 mètres environ, soit 500 hommes mis bout à bout.

Au Zimbabwe, un immeuble dont la construction est inspirée d'une termitière consomme 90 % d'énergie en moins. Une autre grande innovation ayant pour source d'inspiration les insectes sociaux est l'« algorithme fourmi ». Un algorithme est un ensemble d'instructions pour résoudre un problème. Un algorithme fourmi est donc un ensemble d'instructions directement issues du comportement desdites fourmis. Ces algorithmes sont désormais utilisés pour le routage de véhicules, de données informatiques ou d'appels téléphoniques.

La recherche thérapeutique concerne la majorité d'entre nous. Or, elle ne peut se limiter à deux espèces modèles, la souris de laboratoire ou le macaque, comme semblent le penser les agences de financement et les gouvernements. Imaginez que l'on vous donne accès à une encyclopédie de médecine comportant des millions de volumes, vous contenteriez-vous de n'en lire que deux ? La recherche sur les fourmis ou les organismes unicellulaires peut paraître farfelue, mais il serait dommage et même dangereux de croire qu'elle est inutile. Qui sait ? D'un petit blob viendra peut-être un jour le salut de l'humanité.

Enfin, le but principal de la recherche est de faire progresser la connaissance.

La rencontre

C'EST en novembre 2008, en Australie, que je le vis pour la première fois. À cette époque, je préparais mon retour en France, après trois années en contrat de recherche à l'Université de Sydney. J'avais réussi le concours du CNRS au printemps. Un concours extrêmement sélectif qui propose tous les ans moins d'une dizaine de postes à une centaine de candidats bac + 12, et plus si affinités. Un poste au CNRS, le Graal de tout jeune chercheur français. Cette année-là, je faisais donc partie des « élus » et la chape de stress que je portais sur les épaules avait disparu. J'avais trouvé « la sécurité de l'emploi » et je pouvais enfin envisager de faire de la recherche sans être rongée par la peur du lendemain. La recherche est un travail dont on ne voit jamais la fin mais qui s'exerce en CDD, ironie de notre époque. Le cœur léger et la tête dans les cartons, je me vis alors proposer par mon mentor Steve Simpson un projet des plus étrange.

Steve est un nutritionniste de génie à la tête d'un département scientifique considérable. Il a commencé sa carrière en étudiant la nutrition des criquets migrateurs, et il est actuellement en train de trouver des solutions pour lutter contre l'obésité chez l'homme. Durant l'automne 2008, Steve était occupé à rédiger un ouvrage présentant une approche nouvelle de la nutrition appliquée au travers de nombreuses collaborations à tout type d'animal : mouches, sauterelles, furets, souris, chats, perroquets, hommes... Il rêvait de l'étendre à tous les organismes vivants. Steve avait déjà réussi à me convaincre de tester son approche sur les fourmis, mon sujet de prédilection. Les fourmis, que vous avez l'habitude d'observer dans la nature ou... dans votre cuisine, ont une particularité fascinante : seuls 10 % des individus récoltent la nourriture pour toute la colonie. Ces « récolteuses » partagent ensuite leur butin avec leurs congénères restées au nid, par régurgitation, ce qui n'est pas très ragoûtant. Au sein de la colonie, les larves reçoivent aussi de la nourriture des récolteuses, la prédigèrent, la détoxifient et la régurgitent à leur tour aux fourmis adultes. Les larves servent ainsi d'estomacs partagés. Pendant mon post-doctorat à l'Université de Sydney, nous avions réussi à démontrer l'existence d'une « nutrition collective ».

Mais revenons à nos moutons, Steve voulait aller plus loin, ne pas se contenter des espèces de l'insecte à l'homme, mais envisager quelque chose de plus primitif. Il apprit l'existence du blob au détour d'une conversation et n'eut alors plus qu'une idée en tête : mener l'expérience sur cet être à part... dont il ne connaissait strictement rien.

Steve pensa tout de suite à moi. Je n'étais pas la seule, au laboratoire, à m'intéresser à la nutrition. Nous étions une dizaine de jeunes chercheurs dans ce cas. Si Steve m'a proposé son idée saugrenue, c'est parce qu'il connaissait mon net penchant pour l'étrange. Il arriva donc un matin tout excité par son projet sans savoir que, ce jour-là, il ferait prendre à ma carrière un virage vertigineux. En effet, depuis une dizaine d'années, je m'étais attachée à comprendre comment les fourmis résolvent les problèmes liés à la récolte de nourriture, que ce soit le partage des aliments, la gestion des embouteillages sur les routes de transport, les choix de route, etc. Mon projet au CNRS était entièrement consacré à ce problème. J'avais trouvé une « niche », situation assez rare en science où la compétition est féroce et le quotidien d'un jeune chercheur s'apparente à celui d'un poisson rouge dans un aquarium à requins. Mon destin était tracé, j'allais partager ma vie avec les fourmis. Mais c'était compter sans le jour où Steve entra dans mon bureau :

– Audrey, j'ai une idée géniale ! On va faire une expérience de nutrition chez *Physarum polycephalum*.

– *Physa…* quoi ?

– *Physarum polycephalum*, un champignon gluant.

– Steve… je pars dans un mois et demi.

– Audrey, j'ai confiance en toi, tu vas y arriver.

– Ça mange quoi, *Physa* truc ?

– Je ne sais pas, tu trouveras ! ça va être super !

Steve répète sans cesse « génial » et « super ». Et je réagis instinctivement à ces deux mots, comme hypnotisée.

– OK, on le trouve où *Physa* truc ?

– Tanya va t'en apporter.

Tanya étudiait les abeilles et les fourmis et venait d'acquérir un *Physarum polycephalum*. Elle aussi avait un penchant pour l'étrange. Pour être honnête, de nombreux chercheurs ont un penchant pour l'étrange. Tanya vint donc au laboratoire avec *Physarum polyce-phalum* et le posa sur la table.

– Voilà *Physarum polycephalum*. Tadammm !

Je restai coite.

J'étais sur le départ et il fallait monter l'expérience rapidement. Je n'avais pas eu le temps de constituer ma biblio, c'est-à-dire lire tout ce qui a déjà été publié sur l'organisme que l'on veut étudier. Ce travail peut facilement prendre des mois, voire plus. Je savais que les Britanniques appelaient plus couramment *Physarum polycephalum* (j'avais enfin réussi à me rentrer son nom dans la tête) « champignon gluant » et qu'il avait eu son heure de gloire en 2000 lorsque Toshiyaki Nakagaki, un biophysicien japonais, avait eu l'idée de le placer à l'intérieur d'un labyrinthe, démontrant que cet être mystérieux pouvait trouver la sortie assez rapidement. Nous en reparlerons plus loin.

Bref, je ne savais pas grand-chose hormis que *Physarum polycephalum* était jaune, informe et qu'il bougeait. Mais quand Tanya ouvrit la boîte, grande fut ma déception ! Il était bel et bien jaune, bel et bien informe, mais, clairement, il ne bougeait pas du tout. En plus, il paraissait visqueux et sentait la moisissure. Je l'observais de longues minutes dans l'espoir qu'il se mette à bouger… Rien. L'expérience risquait de s'avérer longue, très longue. Tanya m'expliqua comment m'en occuper. Premièrement, il fallait le transférer quotidiennement dans des boîtes propres, sinon il pouvait « attraper des champignons ». Une moisissure qui moisit, le comble ! Deuxièmement, il fallait aussi le nourrir. *Physarum polycephalum* avale des flocons d'avoine tous les jours et en grandes quantités. Un régime fort bizarre vu la tête de la bestiole. Quand on n'a ni bouche, ni la moindre dentition, il semble difficile d'avaler des flocons d'avoine. Troisièmement, il était vital de le conserver dans l'obscurité. *Physarum polycephalum* ne supporte pas la lumière. J'appris par la suite pourquoi. En réalité, il ne déteste pas la lumière, mais se transforme s'il y est exposé (oui, oui, comme les fameux Gremlins !). Mais gardons ça pour plus tard.

Autant dire qu'entre lui et moi ce ne fut pas le coup de foudre. Dès le lendemain, tout bascula. Je compris très vite l'immense intérêt de *Physarum polycephalum*. Quand, arrivée au laboratoire, j'ouvris le carton, surprise ! Il avait entièrement recouvert les parois et prenait même ses jambes à son cou – malgré son absence de membres bien définis. Non seulement, il avait avalé tous les flocons d'avoine, mais aussi littéralement doublé de volume. Une image me vint à l'esprit. Celle d'un vieux film avec Steve McQueen, *The Blob* (1958). Le pitch : un organisme ressemblant à une gelée anglaise arrive d'une autre planète et dévore tout sur son passage. Plus il avale d'habitants, plus il grossit. Telle une grosse goutte qui se gonfle d'eau. D'où son surnom : le « blob »…

Physarum machin truc ?

Tous les êtres vivants sont classés sur l'arbre de la vie dans des groupes ou des familles. C'est la rigueur scientifique, nous aimons ranger, classer, ordonner et regrouper ce qui se ressemble. L'homme, par exemple, appartient au règne animal, à l'embranchement des vertébrés, à la classe des mammifères, à l'ordre des primates et à la famille des hominidés. Mais classer le blob est une très longue histoire qui continue encore de s'écrire au moment où vous lisez ces pages.

Afin de mieux comprendre pourquoi il a été aussi difficile de le cataloguer, il faut décrire son cycle de vie. Pour simplifier, faisons un parallèle avec l'espèce humaine. Chez l'homme, un spermatozoïde et un ovule, deux cellules sexuées, se rencontrent et fusionnent, formant une cellule unique : l'œuf. Cet œuf va se diviser en deux cellules, qui vont elles-mêmes se diviser en deux pour donner quatre cellules, etc., jusqu'à produire un être humain qui, à l'âge adulte, renfermera approximativement soixante mille milliards de cellules. À la puberté, il va à son tour produire des spermatozoïdes ou des ovules selon son sexe, et le cycle sera bouclé. Le blob aussi est issu de la fusion de deux cellules sexuées. Elles ne sont pas appelées ovules ou spermatozoïdes car il n'existe pas deux sexes différents chez le blob... mais 720[1]. Non, ce n'est pas une erreur de frappe, plus de 720 sexes différents ont été répertoriés chez le blob. Ces cellules sexuées sont appelées des spores. Lorsqu'une spore se trouve dans un milieu humide, elle s'ouvre et libère une cellule qui a la bougeotte et part en quête d'une cellule du sexe opposé. On comprend tout de suite qu'avec plus de 720 sexes différents la tâche n'est pas très compliquée. Lorsque deux cellules de sexe opposé se rencontrent, elles fusionnent pour devenir une cellule unique. Mais là, étrangement, la cellule ne va pas se diviser, seulement son noyau. La cellule grandira donc au gré des divisions des noyaux. Jusqu'à atteindre des tailles records, de l'ordre de plusieurs mètres carrés contenant des milliards de noyaux. Un blob de 5 mètres carrés a ainsi été obtenu en laboratoire par des chercheurs de l'Université de Bonn en Allemagne, cadeau de départ d'un professeur partant à la retraite. Aux États-Unis, dans les Appalaches en Virginie-Occidentale, un blob de 1,3 kilomètre carré a été observé, ce qui est à peu près la surface de la ville de Monaco ou de 138 terrains de foot. À titre de comparaison, une cellule humaine mesure en moyenne 10 micromètres de diamètre, soit dix millions de fois moins. Cette cellule géante est

1. MORIYAMA, Y. & KAWANO, S. (2010), « Maternal inheritance of mitochondria : multipolarity, multiallelism and hierarchical transmission of mitochondrial DNA in the true slime mold Physarum polycephalum », *Journal of Plant Research*, 123 (2), 139-148.

appelée plasmode et c'est cette phase du cycle que je surnomme « blob », un peu l'adolescence de l'organisme. Lorsque le blob atteint une grande taille, après quelques semaines, il quitte l'obscurité pour la lumière. Il se transforme alors, comme on l'a vu. À la différence des Gremlins, il ne devient pas un monstre, mais forme des milliers d'organes nommés sporanges. Ce sont des sortes de boules reposant sur un pied très fin. Ces boules iridescentes renferment les spores qui seront disséminées par le vent, l'eau et les animaux.

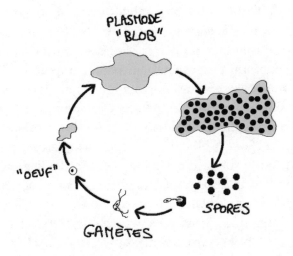

Là, je vous ai donné la version simple et habituelle du cycle, mais avec le blob il y a toujours de multiples exceptions. Certains blobs ne pratiquent pas la reproduction sexuée et se clonent indéfiniment. Le blob, comme je l'ai dit, produit habituellement des spores qui donnent des cellules flagellées. Mais lors du clonage, ces cellules mobiles, au lieu de partir à la rencontre d'une cellule du sexe opposé, peuvent à elles seules redonner un blob. C'est une reproduction asexuée ! Il existe même des blobs sans sexe défini. Pour simplifier, ils sont tous du même sexe. Ceux-là savent se reproduire de façon sexuée entre eux et engendrer ainsi de nouveaux blobs. Enfin, quelques rares blobs ne produisent pas de spores. Le blob se tronçonne en morceaux, forme des petites cellules mobiles qui donneront à leur tour des blobs. Bref, chez le blob, la théorie du genre serait un vrai casse-tête !

Revenons à la classification du blob. De tout temps *Physarum polycephalum* a troublé les scientifiques : un peu animal, un peu végétal, un peu champignon. Les blobs sont des créatures énigmatiques qui ont l'air de sortir tout droit d'un film de science-fiction. En 1833, le botaniste allemand Heinrich Link[1] a finalement tranché et classé le blob dans le règne des champignons. Il s'est fondé sur sa morphologie, en particulier sur le fait que *Physarum polycephalum* forme des sporanges et des spores, le moyen de reproduction par excellence des champignons. Parmi ces derniers, le blob a ensuite été rangé dans la classe des myxomycètes, ou « champignon gluant ». Une dénomination apportée par le scientifique américain Thomas H. Macbride en 1899[2] qui pensait, lui, que le blob était une plante…

---

1. LINK, J.H.F. (1833), « Handbuch zur Erkennung der nutzbarsten und am häufigsten vorkommenden Gewächse. 3. Ordo Fungi, subordo 6 », *Myxomycetes*, Berlin, 405-422, 432-433.
2. MACBRIDE, T. H. (1899), *The North American Slime-Moulds*.

Anton de Bary, chirurgien, botaniste, microbiologiste et mycologue, s'est farouchement opposé en 1859 à la classification du blob dans les champignons. Il était persuadé que le blob était mi-champignon, mi-animal et le nomma *mycetozoa*, ou « champignon-animal ». Heinrich Anton de Bary, tout comme Charles Darwin, publia en 1859[1] une monographie séminale qui deviendra un ouvrage de référence pour la microbiologie et la mycologie (l'étude des champignons). Or, si le livre de Charles Darwin se vend encore aujourd'hui et demeure le livre le plus cité des sciences biologiques, l'ouvrage d'Anton de Bary est tombé dans l'oubli, connu seulement de quelques spécialistes. L'une des raisons est que Charles Darwin a publié un ouvrage concernant les animaux et les plantes, alors qu'Anton de Bary a parlé des « micro-organismes inférieurs », des êtres vivants longtemps négligés par l'homme. Si pour Charles Darwin il n'existait que le royaume animal et le royaume végétal, pour Anton de Bary il s'agissait d'un continuum et séparer les organismes entre ces deux royaumes lui semblait arbitraire. Anton de Bary fut ignoré et le blob resta confiné aux champignons jusqu'aux années 1970. Dans la recherche, comme ailleurs, celui qui parle le plus fort est généralement le plus écouté, même s'il se trompe.

En 1969, Lindsay Olive[2] est venu tout chambouler. Ce mycologiste américain de l'Université de Caro-

1. BARY, Heinrich Anton de (1859), *Die Mycetozoen. Ein Beitrag zur Kenntniss der niedersten Thiere* (*The Slime Molds. An introduction to understanding the lowest animals*).
2. OLIVE, L.S. & WHITTAKER, R.H. (1969), « Reassignment of Gymnomycota », *Science*, 164 (3881), 857-857.

line du Nord proposa de classer l'objet vivant non identifié dans le règne des « protistes ». Tout simplement parce que le blob ne mange pas comme un champignon. Il se nourrit par absorption alors que *Physarum polycephalum* s'alimente par ingestion. Rien à voir, donc. Bien pratique, ce règne des protistes : à l'époque, il regroupait tout ce qui n'était ni plante, ni champignon, ni animal, un genre fourre-tout. Le terme « protiste » (« le premier de tous ») ne vous dit sans doute rien ; pourtant quelques-uns de ses membres sont bien connus comme *Plasmodium*, le responsable du paludisme. Cette classification a fini par être abandonnée car sans réel fondement scientifique et ne servant surtout qu'à classer l'inclassable. S'y trouvaient réunis de plus en plus d'organismes n'ayant rien à voir les uns avec les autres.

En 1997, Sandra Baldauf[1], une généticienne de l'Université d'Uppsala en Suède, a proposé d'attribuer au blob son propre règne, les *mycetozoa*, en hommage à Anton de Bary, le plus inspiré dans sa classification. Pour l'anecdote, j'ai rencontré Sandra en 2012, en Suède. Elle m'a avoué ne pas aimer beaucoup le blob. Elle le considérait comme un organisme incompréhensible génétiquement car il avait, selon son expression, « un génome poubelle », le rendant à l'époque inclassable. Le « génome » recouvre l'ensemble de l'information génétique d'un organisme contenu dans chacune de ses cellules sous la forme de

1. BALDAUF, S.L. & DOOLITTLE, W.F. (1997), « Origin and evolution of the slime molds (Mycetozoa) », *Proceedings of the National Academy of Sciences*, 94 (22), 12007-12012.

chromosomes. Il est souvent comparé à une encyclopédie dont les différents volumes seraient les chromosomes. Le nombre de chromosomes varie beaucoup. Une espèce de fougère possède ainsi le plus grand nombre de chromosomes répertorié : 1 440 ! Le blob, lui, a un nombre indéterminé de chromosomes : de 20 à 80, évoluant d'un blob à l'autre. Pour Sandy, le génome du blob renferme plein d'informations inutiles, comme si certains volumes de l'encyclopédie étaient écrits en charabia.

Le génome du blob a été finalement séquencé en décembre 2015[1]. Suite à cette publication, il a été classé dans le règne des *amoebozoa* englobant les *mycetozoa*. Vous êtes perdu, c'est normal ! Personne ne s'y retrouve dans les classifications. Il faut seulement retenir que le blob n'est ni un animal, ni un champignon, ni une plante. Il a sa propre famille, elle change juste de nom au gré des découvertes ! Finalement, Heinrich ne s'était pas trompé en classant le blob au sein des champignons. La science est ainsi, elle évolue. Dans le contexte de 1833 et au vu des connaissances et techniques d'observation de l'époque, il semblait logique d'affecter le blob aux champignons. Il faut toujours considérer les découvertes scientifiques dans leur contexte historique !

Les blobs, cependant, sont toujours étudiés par des mycologues, des spécialistes des champignons, bien

1. SCHAAP, P., BARRANTES, I., MINX, P., SASAKI, N., ANDERSON, R.W., BÉNARD, M. & FRONICK, C. (2016), « The Physarum polycephalum genome reveals extensive use of prokaryotic two-component and metazoan-type tyrosine kinase signaling », *Genome Biology and Evolution*, 8 (1), 109-125.

qu'ils n'en soient pas. On ne chasse pas les mauvaises habitudes aussi facilement ! De surcroît, les botanistes comme les zoologistes ont toujours refusé de s'y intéresser. Les premiers pensent que les zoologistes sont les mieux placés, et réciproquement. Il existerait plus d'un millier d'espèces de blobs, mais honnêtement, on se trouve certainement loin du compte. À l'heure actuelle, nous ne connaissons qu'un tiers des espèces d'insectes, et nous découvrons encore chaque année de nouvelles espèces de mammifères et d'oiseaux. Vu l'intérêt relativement récent suscité par le blob dans la communauté scientifique et le fait qu'il aime se cacher dans l'obscurité, on peut aisément imaginer qu'il existe encore des milliers d'espèces de blobs à découvrir.

Vomi de chien et caca de lune

L E blob n'a pas vraiment de forme. Certains ressemblent à de grosses éponges jaunes, d'autres à des lichens ou à des coraux. Il change de couleur selon les espèces : blanc, noir, gris, marron, bleu, vert, rose, rouge, jaune. Celui que j'étudie, *Physarum polycephalum*, est jaune vif.

Les blobs ont tout de même un point commun : un aspect visqueux qui ne donne pas forcément envie de les toucher. Ils sont tellement étranges qu'ils ont été affublés de toutes sortes de surnoms : « mucus croûté », « moisissure visqueuse ». C'est le cas, par exemple, de *Fuligo septica*, cousin de *Physarum polycephalum*, surnommé « vomi de chien » par les Anglais. Les Scandinaves l'ont également associé à la régurgitation d'une créature de conte, le troll. Au IXe siècle en Chine, *Fuligo septica* apparaissait plutôt comme une déjection de démon. On retrouve cette idée chez les natifs américains de Cofre de Perote, à Veracruz, qui le surnommaient « caca de luna », ici pas de traduction nécessaire. Le *Fuligo septica* a même fait la une d'un journal texan, *The Dallas Times Herald*, en 1973 ! Le 26 mai au matin, Marie Harris, habitante de Gardland, non loin de Dallas, a découvert dans son jardin un organisme décrit comme « mousseux, crémeux et jaune pâle, similaire à des œufs brouillés, de la taille d'un cookie ». À ce moment-là, Marie était sûre qu'il s'agissait d'un champignon. Mais, deux semaines après sa découverte, l'organisme atteignit la taille de « seize cookies » et se révéla, selon ses dires, « indestructible ». Elle l'a d'abord découpé en d'innombrables morceaux pour les disséminer dans tout son jardin. En le coupant, Marie a constaté que les entrailles de l'organisme étaient d'un noir charbon. Deux jours plus tard, en se penchant à la fenêtre, elle se rendit compte avec stupéfaction que l'organisme s'était non seulement régénéré mais qu'il avait doublé en taille. Désemparée, Marie fit appel à son mari qui écrasa l'intrus à coups de bâton. Une semaine plus tard, le vrai faux champignon réapparut et cette fois ses entrailles étaient orange vif. Marie opta pour une méthode plus sournoise, l'empoisonnement, à l'aide d'une mixture nicotinique utilisée habituellement comme herbicide. Une fois le poison vaporisé, l'organisme se mit à saigner un liquide rouge et violet. Mais il survécut et sembla même régénéré ! Le voisin de Marie évoqua alors l'hypothèse d'un extraterrestre. C'était dans l'air du temps. Les années 1970 regorgeaient de rumeurs sur les OVNI. Selon l'une d'elles, le 19 avril 1897, un vaisseau spatial aurait explosé et son pilote aurait été enterré en catimini dans le cimetière d'Aurora, tout près de Garland... À partir de là, on pouvait tout imaginer ! Mais Marie avait les pieds sur terre, elle appela les pompiers qui bombardèrent l'intrus d'eau à haute pression. Le résultat se révéla surprenant : l'organisme réapparut, en plus gros. Le couple s'apprêtait à recourir à la garde nationale quand *Fuligo septica* s'évanouit soudain, sans laisser de trace ! Confortant dans le voisinage la thèse de l'extraterrestre...

Vous l'aurez compris, le blob est une masse qui grossit continuellement. *Physarum polycephalum*, « mon » blob, apparaît plutôt plat comparé à *Fuligo septica*. Il ne ressemble ni à une déjection, ni à un vomi. Il est jaune vif, translucide par endroits, plat, et sa forme est mal définie. En le regardant de près, on aperçoit un maillage de tubes plus ou moins épais, d'un jaune profond. Il s'agit en réalité des veines où circule le protoplasme, un liquide riche en nutriments et autres molécules essentielles. Son sang. Ce réseau permet de distribuer tous ces éléments en un minimum de temps, dans toute la cellule, susceptible parfois de couvrir plusieurs mètres carrés. Les réseaux veineux du blob ont longtemps fasciné les chercheurs car ils semblent « pensés » pour optimiser le transport. Plusieurs travaux y ont été consacrés comme on le verra plus loin.

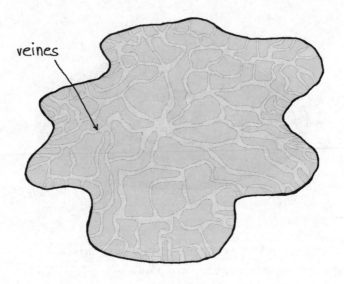

veines

Le réseau veineux du blob, à la différence du nôtre, se réorganise perpétuellement. Des veines se créent et d'autres disparaissent au gré de l'environnement. Si le blob se nourrit normalement, le réseau paraît très dense et à peine visible. S'il est affamé, le réseau devient épars, parcouru de quelques rares veines très épaisses. L'humidité exerce aussi son influence. Lorsqu'il fait humide, les blobs construisent des maillages étonnamment complexes, de véritables œuvres d'art comme certaines toiles d'araignées.

Si on examine ses veines sous une loupe binoculaire, on peut voir que le liquide circule vite, environ 1 à 2 millimètres par seconde, mais, chose étrange, pas toujours dans le même sens. Imaginez un instant que votre sang se mette à circuler dans l'autre sens, la catastrophe ! Eh bien, chez les blobs, toutes les deux minutes, la direction du courant dans les veines s'inverse. On peut l'observer à l'œil nu, le blob semble parcouru de sortes de pulsations. Si on coupe une des veines à l'aide d'un scalpel, un liquide jaune et dense s'écoule avant de très vite se figer. Une sorte de coagulation express évitant au blob de se vider de son « sang ». Une « hémoglobine » impossible à faire partir au lavage. Ma blouse et mon labo en sont couverts, une vraie boucherie. Jaune vif !

Le blob n'est pas un individualiste

L E blob a cette propriété unique relevée dans le témoignage de Marie Harris : découpé en morceaux, il ne meurt pas. Il cicatrise et referme sa membrane en deux minutes. Le record du monde de la cicatrisation membranaire ! C'est absolument génial pour qui planifie des expériences en laboratoire. À partir d'un seul organisme de 10 centimètres carrés par exemple, on obtient avec son scalpel 10 000 blobs de 1 millimètre carré parfaitement viables. Cela évite, pendant l'étude, de se retrouver avec des boîtes de plusieurs mètres carrés à stocker... Cela permet aussi de tester des individus de taille identique. De la même façon que l'on cuisine des beignets pour le carnaval à l'aide de moules en forme de cœur ou de sapin, nous disposons de moules à blob au laboratoire.

Plus étrange encore, le procédé s'inverse. Deux morceaux de blob placés à proximité l'un de l'autre fusionneront pour former un seul et unique blob. La notion d'individualité d'un blob apparaît donc toute relative. Au grand dam des mathématiciens, à échelle de blob, un plus un font un. Mais attention, il ne fusionne pas avec n'importe qui ! Si je prends deux blobs génétiquement différents, ils ne fusionneront pas forcément. Ils peuvent rester l'un contre l'autre, parce qu'ils s'attirent, mais demeurer deux individus bien distincts. S'ils fusionnent quand même, parfois, comme je l'ai découvert, cette fusion ne s'opère pas sans risques...

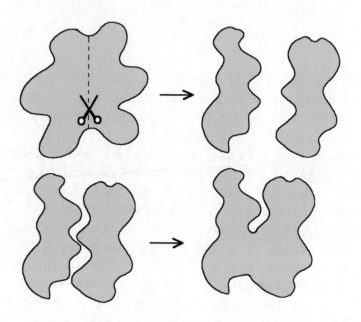

Pour de nombreux organismes, la reconnaissance du soi s'avère plus ou moins fiable, et cela constitue parfois un avantage. Chez l'homme, cela permet ainsi d'éviter le phénomène de rejet lors d'une greffe d'organe. Le greffon n'étant pas reconnu comme exogène, l'organisme l'accepte. Chez le blob, les problèmes de reconnaissance sont fréquents et se terminent toujours mal. Parfois, lors du premier contact, deux blobs génétiquement différents peuvent se percevoir comme identiques et engager une fusion. Ce n'est qu'une fois que la fusion a eu lieu que le pot aux roses est découvert. S'engage alors une bataille entre noyaux. Les noyaux de chaque blob sécrètent des molécules ciblant ceux de l'étranger pour les tuer ou les empêcher de se diviser. Au final, c'est la mort assurée pour l'un des deux.

Le blob bouscule donc la définition même d'« individu ». D'un point de vue étymologique, « individu » vient du latin *individuum*, « ce qui est indivisible », et l'Académie française le définit comme « une unité organisée ». Le blob n'est pas indivisible, mais si je le coupe en deux, j'obtiens bien deux individus organisés et fonctionnels et, s'ils fusionnent, je n'en ai plus qu'un. Ce fut l'objet d'un vif débat au sein de mon laboratoire où l'on travaille sur les comportements collectifs : peut-on vraiment dire que les blobs ont un comportement collectif ? Avec les fourmis, c'est clair : lorsque des individus se retrouvent dans un environnement homogène, ils ont tendance à se grouper. Comme les moutons ou certains poissons qui nagent en banc, les étourneaux et même les humains, n'est-ce pas ? Cela s'appelle l'agrégation et c'est un peu la base de tous les comportements collectifs : on commence par former un groupe. Disons qu'avec 100 blobs dans un environnement homogène on obtiendra très vite un unique gros blob. J'appelle cela la « supra-agrégation » et, en conséquence, je dirais que le blob est « supra-collectif ». La question demeure cependant à creuser parce que mes collègues ne se sont pas tous montrés convaincus...

Il bouge !

L E plus effrayant est que le blob se déplace ! Cela a d'ailleurs participé à son éviction du règne des champignons. Sa vitesse dépend de sa taille, de l'humidité, de la température ambiante et de la présence de nourriture. Quand il ne fait pas trop froid, relativement humide, que le blob est grand et a vraiment faim, il peut faire des pointes de 4 centimètres à l'heure. Son record ! Bon, pas assez rapide pour ramper après nous et nous dévorer comme dans le film ! En bougeant, il génère fréquemment des extensions, appelées « pseudopodes », capables de s'étendre dans toutes les directions. Le blob apparaît donc multiforme. Malgré sa grande taille, il peut passer à travers un trou de 1 micromètre de diamètre, à la différence de tout animal connu !

Parfois le blob se déplace un peu trop, surtout quand il est affamé. C'est arrivé au laboratoire. Si vous ne le nourrissez pas tous les jours, il a vite fait de prendre la tangente avec ses pseudopodes. Je me souviens d'une échappée particulière en 2009, un imprévu m'avait empêchée de venir le week-end. Autant le préciser ici, pour un chercheur, samedi et dimanche pourraient aussi bien s'appeler lundi ou mardi, car les animaux que nous étudions ne connaissent pas le repos hebdomadaire et les expériences durent rarement pile-poil cinq jours...

Bref, le lundi à mon retour au labo, j'ouvris les boîtes où j'avais déposé les blobs le vendredi précédent et là, rien, plus de blob. Paniquée, je me mis à chercher partout. Pas moyen de les retrouver, jusqu'à ce qu'un collègue passe par là et me dise : « Il y a un truc énorme et dégoûtant au plafond. » Eh oui, un week-end à 4 centimètres à l'heure, cela fait pas loin de 3 mètres, soit la hauteur du plafond... Les blobs étaient sortis de leur boîte, s'étaient retrouvés, avaient fusionné pour former un blob géant, et, ne trouvant rien à manger à proximité, s'étaient lancés dans l'exploration du plafond.

WEEKEND

Mais comment le blob peut-il se mouvoir ? Il n'a pas d'organes dédiés au déplacement. Pas de pattes, pas de nageoires, pas d'ailes, pas de système de propulsion comme les flagelles de certains unicellulaires. En fait, tout cela lui est inutile parce que le blob se déplace grâce à son réseau veineux. Le courant s'inversant régulièrement dans ses veines, le sang du blob va dans une direction pendant deux minutes, puis dans la direction opposée pendant deux autres minutes, et ainsi de suite. Cette alternance d'une direction à l'autre n'apparaît pas strictement symétrique. Il y a toujours un courant « dominant ». En d'autres termes, le blob se propulse grâce à ses veines dans une direction choisie. Sous la pression du courant sur la membrane, l'organisme tout entier avance. Deux minutes plus tard, le blob inverse le courant et le sang se retire, mais moins vite, il recule donc très peu. En bref, le blob avance d'un pas et recule d'un demi-pas, et ce faisant, il finit par progresser vers l'avant. Visualisez un jeu de corde à deux équipes, dont l'une est plus forte que l'autre, tirant dans des directions opposées. Au final, l'équipe la plus faible finit par avancer.

Mais comment le blob parvient-il à créer un courant au sein de ses veines ? Il s'y prend de la même façon que notre intestin pour faire progresser la nourriture jusqu'à la sortie, par des mouvements péristaltiques. Les veines du blob sont formées de fibres, très similaires aux fibres musculaires entourant notre intestin. Ces fibres vont se contracter et créer une sorte de pincement, poussant le liquide dans une certaine direction, de la même façon qu'en pinçant votre tube de dentifrice vous en faites sortir la pâte. En se contractant à différents moments, à différents endroits, et avec une certaine intensité, le blob créera des courants plus ou moins forts et modulera la direction du courant. Comme le réseau de veines est très complexe et très dense, l'organisme peut se déplacer dans plusieurs directions à la fois en créant plusieurs pseudopodes. Pratique, quand on explore son environnement à la recherche de nourriture !

Cette caractéristique constitua « le » prétexte pour l'étudier. Car je suis une éthologiste, je travaille sur le comportement animal. Pour se comporter, il faut bouger, le blob bouge, donc on peut étudier son comportement, CQFD. Si elle existait, l'éthologie du champignon serait une discipline remplie de déconvenues. Mais avec le blob, pas de souci.

Il existe deux bonnes raisons de bouger : fuir un environnement désagréable et surtout se nourrir.

Au fait, ça mange quoi ?

L E blob mange, ou plutôt, devrais-je dire, il engouffre, habituellement des champignons, des bactéries, des levures et... d'autres blobs. Même un gros cèpe ne fait pas le poids. Après le passage du blob, il se trouve entièrement digéré, il n'en reste rien. Le blob n'est pas difficile, il aime tous les types de champignons, vénéneux compris. En un mot, c'est un vorace.

Quand Steve est venu me voir pour que j'étudie la nutrition du blob, je lui ai immédiatement demandé comment le nourrir. Je ne me voyais pas me lancer dans la culture de champignons. Le blob en labo, à ma grande surprise, peut se nourrir exclusivement de flocons d'avoine... De porridge. Il en raffole. Si vous le nourrissez ainsi, il double de taille tous les jours ! Le plus drôle est qu'il ne cesse jamais de manger, même quand on le jette à la poubelle. Un blob de la taille d'une pièce de 2 euros – étant donné qu'il double de taille tous les jours – fera, après quinze jours, plus de 17 mètres carrés, la surface de mon bureau au CNRS... Vous voyez où je veux en venir. Cela risque de s'avérer problématique lorsque les expériences s'étalent sur un ou plusieurs mois, puisqu'il est impossible de l'empêcher de grandir sans l'affamer, et qu'on ne veut pas d'un blob affamé pour les expériences. Par conséquent, dès que l'on obtient suffisamment de blob pour faire tourner une expérience, c'est-à-dire un bon mètre carré, les jours suivants, on jette l'excès à la poubelle. On conserve ainsi un élevage de taille constante sans recouvrir tout le labo de blobs. La poubelle où l'on jette les déchets organiques, principalement les restes de repas, n'étant pas vidée tous les jours, on a perpétuellement un énorme blob au fond qui engouffre tout ce qu'il trouve.

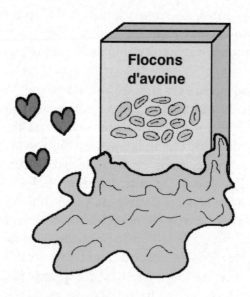

Cette boulimie nous oblige à venir au laboratoire tous les jours pour nourrir le blob, samedi-dimanche compris, et j'avoue que parfois on s'en passerait bien. Difficile d'écourter un repas de famille sous prétexte de nourrir un blob. Il m'est arrivé fréquemment, en dehors des périodes d'expériences, de rapporter le blob chez moi le vendredi soir afin d'éviter les allers et retours au labo tout le week-end. Il n'est pas bien encombrant. Il suffit de le mettre dans un carton à température ambiante et de le couvrir quotidiennement de flocons d'avoine.

L'expérience de nutrition que je souhaitais conduire en Australie devait suivre un protocole bien précis pour pouvoir être comparée à celles menées sur les autres organismes testés au laboratoire : fourmis, criquets, souris et hommes, afin d'établir des parallèles entre des organismes d'âges évolutifs différents. Question ancienneté, le blob est apparu le premier, il y a environ cinq cents millions d'années ou plus, contre trois cents millions pour les fourmis et deux cent mille ans pour *Homo sapiens*, l'homme actuel. Je n'avançais pas en *terra incognita*, j'avais déjà réalisé cette expérience chez les fourmis, et j'avais servi de cobaye à une expérience de nutrition humaine. Un service rendu à ma collègue, Alison Gosby, qui bataillait pour trouver des volontaires prêts à rester enfermés trois semaines sous surveillance continue en milieu hospitalier.

Une étude de nutrition a pour objectif de connaître les besoins d'un organisme et de comprendre comment il peut les satisfaire dans un environnement offrant une grande variété de nourriture. Longtemps, les nutritionnistes ont considéré les nutriments – protéines, sucres, lipides – indépendamment les uns des autres. Lors de leurs expériences, ils proposaient ces nutriments séparément et mesuraient les quantités que l'animal consommait, espérant ainsi définir ses besoins. Or dans la vraie vie, les nourritures disponibles offrent rarement un seul nutriment. Si vous mangez un hamburger, vous allez ingurgiter tout à la fois, des lipides, des protéines et des sucres, vous ne pouvez pas trier ! L'originalité de l'approche de Steve a été de considérer l'influence des nutriments les uns sur les autres. Imaginons que vous ayez un besoin journalier de 200 grammes de sucres et 200 grammes de protéines et que vous n'ayez à vous mettre sous la dent que des hamburgers contenant 200 grammes de sucres et 100 grammes de protéines. Vous avez plusieurs options : avaler un seul hamburger et satisfaire vos besoins en sucres mais souffrir d'un déficit de protéines, ingurgiter deux hamburgers pour combler vos besoins en protéines et tant pis si vous accumulez les sucres, ou opter pour un hamburger et demi, pour n'avoir qu'un petit manque de protéines et qu'un léger excédent de sucres.

La stratégie déployée par l'animal face à ce genre de situation reflète, selon Steve, les compromis qu'il est prêt à faire, en tenant compte des conséquences pour sa santé d'un excès ou d'un déficit en certains nutriments. Chez l'humain, Steve a montré que la priorité est de satisfaire ses besoins en protéines, quelle que soit la quantité de sucres et de lipides qu'il devra ingurgiter pour arriver à son but. Bref, l'homme ou la femme choisira sans hésiter de manger deux hamburgers. Cela explique que si nous avons à notre disposition des nourritures relativement pauvres en protéines, nous avons naturellement tendance à manger davantage et, de ce fait, à prendre du poids. C'est cela, la « malbouffe » : une nourriture pauvre en protéines mais riche en lipides et en sucres ! La même stratégie nutritionnelle explique aussi le succès des régimes hyper-protéinés. Si on nous offre un milkshake contenant 200 grammes de protéines et seulement 100 grammes de sucres, eh bien, nous n'en boirons qu'un seul. Dès que notre organisme aura obtenu la quantité de protéines voulue, il cessera d'avoir faim, quitte à souffrir d'un déficit de sucres.

Chez les fourmis, nous avons découvert une stratégie inverse à celle de l'être humain. Les fourmis donnent la priorité aux sucres. Face à un régime hyper-protéiné et donc pauvre en sucres, elles sont prêtes à ingurgiter des quantités incroyables de protéines pour atteindre le niveau désiré en sucres. Cet excès de protéines n'est pas sans conséquences, il se révèle létal pour les fourmis. Une colonie avec un régime hyper-sucré peut vivre plus d'un an alors qu'elle ne tiendra pas un mois avec un régime hyper-protéiné. D'ailleurs, l'excès de protéines est mortel pour de nombreux organismes, nous compris ! Face au même menu de fast-food, les fourmis avaleraient donc un seul hamburger, mais prendraient deux milk-shakes !

Les stratégies pour se nourrir reflètent souvent la façon dont les organismes ont évolué. Chez l'homme, pendant plus de deux cent mille ans jusqu'au développement de l'agriculture, les sucres étaient une denrée rare et il n'était donc pas nécessaire d'élaborer une stratégie pour les éliminer mais plutôt pour les stocker. Mais, depuis deux cents ans, en gros depuis la révolution industrielle, les sucres se trouvent partout, jusque dans les produits industriels salés, et en grandes quantités. Notre environnement nutritionnel a été bouleversé à vitesse grand V, et notre métabolisme n'a pas suivi le rythme. Il n'a pas eu le temps de s'adapter. Résultat : notre physiologie est décalée, inadaptée à notre mode de vie. Si les fourmis ont une stratégie qui peut paraître mauvaise face aux protéines, c'est parce que ce ne sont pas elles qui les mangent, mais leurs larves. Elles n'ont donc pas cherché de stratégie pour éliminer les protéines car leurs larves en ont besoin !

Qu'en est-il du blob ? Est-il capable de s'alimenter correctement ? Afin de le découvrir, je devais déjà disposer d'une nourriture dont le contenu en sucres et en protéines paraissait aisément modifiable. Impossible avec les flocons d'avoine… Je devais, comme je l'avais fait pour les fourmis, créer une recette me permettant de manipuler facilement ces deux ingrédients. Concevoir un menu pour les fourmis s'était révélé difficile, car ce n'était pas tout d'inventer de nouvelles recettes, il fallait aussi que les fourmis les mangent. J'avais passé plus d'un mois à cuisiner tous les jours avant de trouver la recette parfaite. Toutefois, chez les fourmis, il était facile d'observer si elles aimaient ou pas. Si elles n'appréciaient pas la nourriture, elles faisaient marche arrière après y avoir goûté, un comportement très rare chez elles. Et si elles aimaient, elles se jetaient tout simplement dessus et la rapportaient au nid rapidement.

Le blob me posait deux problèmes. Le premier : ma méconnaissance complète du sujet à l'époque. Le second : sa lenteur légendaire. Les phases de test de la nourriture risquaient de s'avérer interminables et le temps m'était compté. Je me plongeai dans la littérature, espérant y trouver des nourritures faciles à cuisiner dont les contenus en sucres et en protéines pouvaient facilement être manipulés. Je découvris que ce genre de nourriture existait, et que non elle n'était pas facile du tout à cuisiner. Dépitée, je sentis poindre un doute sur la possibilité de boucler l'expérience en un mois. Et là, coup de poker, dans un excès de confiance, je proposai au blob la nourriture cuisinée initialement pour les fourmis, une sorte de flan aux œufs. Il en raffola ! Cela s'appelle la sérendipité, le fait de réaliser une découverte de façon complètement inattendue à la suite d'un concours de circonstances fortuit, très souvent dans le cadre d'une recherche concernant un tout autre sujet ! La science est une longue route pavée de sérendipités.

Hop ! j'étais de nouveau sur les rails. Il ne me restait plus qu'à concevoir les différentes recettes de flans en modifiant la quantité de sucres et de protéines. J'ai donc conçu un total de 35 recettes différentes. Je souhaitais élever 20 blobs sur chaque flanc pendant une semaine et tester un total de 700 blobs. Il m'a donc fallu cuisiner 700 flans. On se serait cru à la cantine du lycée... Avant de déposer les blobs sur les flans, je devais les peser afin de pouvoir évaluer leur croissance pendant l'expérience. Rappelez-vous, je ne connaissais rien des blobs à ce moment-là. Je pris donc un blob occupé à manger ses flocons d'avoine afin de le peser. Et là, problème : comment le séparer de son flocon d'avoine sans l'abîmer ou même le tuer ? Lorsque le blob mange, il se trouve littéralement attaché à sa nourriture, telle une sangsue. Après maints échecs et quelques victimes, je compris qu'il fallait attendre que le blob ait fini son flocon et s'en détache de lui-même. Il était ensuite aisé de le prendre délicatement à l'aide d'une spatule et de le déposer sur la balance. Après la pesée, je posais donc délicatement chaque blob sur son flan, fermais la boîte et enfermais le tout dans un carton à l'abri de la lumière. Je disposais donc de 700 boîtes de flan à conserver pendant une semaine. Je suivais l'évolution du blob tous les jours en prenant des photos de chacun cinq fois par jour. Soit 3 500 photos quotidiennes pendant une semaine de 7 heures du matin à 22 heures. Cela semble un peu soutenu comme travail, mais pour moi c'était une sinécure. En pratiquant la même expérience chez les fourmis, j'avais dû suivre leur développement sur différents flans pendant quatre cent dix jours d'affilée, en venant au laboratoire chaque matin, Noël et réveillon compris...

Bref, à l'issue de la semaine, je dus à nouveau peser les blobs afin d'estimer leur croissance. Les résultats étaient très clairs, comme rarement en matière de recherche. Les blobs n'aimaient pas du tout les flans lourdement sucrés, leur préférant les flans contenant beaucoup de protéines. Tout l'inverse des fourmis. Le flan qui avait remporté le plus de succès contenait deux fois plus de protéines que de sucres.

De surcroît, parmi les 35 recettes testées, trois présentaient la même proportion de protéines et de sucres, la différence tenant à la quantité globale des ingrédients. Le premier flanc, riche en calories, contenait 120 grammes de protéines et 60 grammes de sucres par litre, le deuxième 60 grammes de protéines et 30 grammes de sucres, et le troisième, seulement 30 grammes de protéines et 15 grammes de sucres. À l'issue de la manip, tous les blobs pesaient le même poids. Tous avaient connu exactement la même croissance. Étrange, non ? Le comportement du blob tenait en fait du génie : lorsque le flan sur lequel il était posé n'offrait pas beaucoup de protéines ni de sucres, le blob en quête de calories pour sa croissance s'étirait jusqu'à couvrir entièrement le flan afin de maximiser l'ingestion de nourriture.

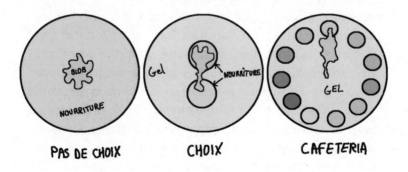

PAS DE CHOIX   CHOIX   CAFETERIA

À l'inverse, lorsque le flan était riche en calories, le blob demeurait de taille modeste de manière à ne pas faire d'indigestion. C'est un peu comme si vous ne disposiez que de biscuits peu caloriques et que vous souhaitiez satisfaire vos besoins nutritionnels : la seule solution serait d'en manger davantage. Voilà pourquoi les régimes reposant sur les nourritures basses calories ne marchent jamais. Un blob, lui, ne tomberait jamais dans le piège marketing du « light ».

Une fois le flan optimal concocté, place à la seconde étape consistant à donner deux flans différents, l'un trop sucré et l'autre beaucoup trop protéiné. Le but consistait à tester si les blobs étaient capables de recomposer un régime alimentaire idéal pour leur croissance, à partir de deux flans complémentaires dont aucun ne correspondait au flanc idéal. J'ai donc offert à 120 blobs six choix différents pour vraiment m'assurer qu'ils ne choisissaient pas au hasard. Par exemple, certains blobs devaient refaire un régime idéal avec un flan qui contenait neuf fois plus de protéines que de sucres et un flanc qui recelait trois fois plus de sucres que de protéines. Une autre alternative offrait un flan huit fois plus protéiné que sucré et un autre avec quatre fois plus de sucres que de protéines, etc. Les blobs avaient deux jours pour faire leurs emplettes. Je les épiais avec mon appareil photo afin d'observer leur stratégie. Et là, à nouveau, les résultats furent tout simplement inespérés, presque difficiles à croire si on n'avait pas répété l'expérience de si nombreuses fois. Tous les blobs avaient réussi à ingurgiter deux fois plus de protéines que de sucres à partir des deux flans à leur disposition. Je vous engage à tenter l'expérience sur vous-même, vous verrez que c'est quasi impossible !

Comme le blob paraissait particulièrement doué et qu'il me restait une semaine avant mon retour en France, je montai une nouvelle expérience en complexifiant grandement la tâche. Je mis le blob dans une cafétéria lui proposant onze flans différents, mais dont un seul correspondait à l'idéal nutritionnel. Afin de rendre la tâche encore plus difficile, je disposai aléatoirement les flans en cercle à 4 centimètres du blob. Il devait donc se déplacer pendant au moins quatre heures dans une direction pour tomber sur un flan. Le lendemain de l'expérience, la quasi-totalité des blobs se nourrissait sur le flan idéal, offrant deux fois plus de protéines que de sucres. Certains s'étaient trompés mais en avaient choisi un de composition assez proche. C'est le propre de la recherche, vous avez beau répéter la même expérience trente fois avec trente blobs issus du même blob d'origine et donc trente clones, il y en aura toujours un qui n'en fera qu'à sa tête.

Après cette expérience express en Australie, j'étais conquise par cet organisme simplissime démontrant des capacités extraordinaires. Le blob ne me quitterait plus ! Je le pris dans mes bagages pour le rapporter en France. Une fois arrivée, pas le temps de défaire mes affaires, je me lançai aussitôt dans l'analyse des photos de l'expérience. Nous savions, au vu des observations préliminaires, que nos résultats étaient importants. En effet, chez la plupart des animaux, les besoins nutritionnels sont coordonnés au niveau du cerveau qui établit un dialogue avec les systèmes sensoriels (le goût, l'olfaction) et les organes périphériques (intestin, estomac, etc.). Or le blob n'a ni cerveau, ni estomac, et pourtant nos expériences tendaient à montrer qu'il se trouvait capable de maintenir un apport optimal de nutriments essentiels à sa survie et à sa croissance. Le blob le faisait mieux que tous les organismes testés précédemment. Mais, après tout, ce surdoué en nutrition n'avait qu'une seule cellule à nourrir, lui !

Un résultat remarquable, qu'il nous fallait faire connaître.

Publication scientifique,
l'« indice H »

D ANS la plupart des sciences, les chercheurs communiquent le fruit de leur travail par des articles dans des journaux scientifiques. Le système de publication obéit à des règles bien plus compliquées que celles du Monopoly. Tout d'abord, il existe aujourd'hui plus d'un million de journaux scientifiques différents, contre 50 000 dans les années 1950. Certains sont ultra-spécialisés. Pour vous donner une idée du degré de spécialisation, il existe des revues exclusivement consacrées aux insectes ou même focalisées sur les seuls insectes sociaux – l'abeille, la fourmi, la guêpe et le termite –, ou encore dédiées entièrement aux fourmis, voire, *nec plus ultra* de la spécialisation, des journaux portant uniquement sur les insectes d'Hawaï. Il existe au total 245 journaux spécialisés sur les insectes. Les revues généralistes sont beaucoup moins nombreuses, une vingtaine à peine, et comme leur nom l'indique, elles publient des articles dans toutes les disciplines scientifiques, du comportement de la fourmi d'Argentine à la physique des particules.

Les revues scientifiques ne sont pas équivalentes en termes de portée. Elles sont classées par « facteur d'impact », un indicateur qui cote leur visibilité. Les deux journaux considérés comme les plus prestigieux sont *Nature* et *Science*. Deux généralistes. Leur facteur d'impact se situe autour de 30. Ce qui signifie que chaque papier publié dans ces revues se trouve cité en moyenne trente fois par d'autres articles les deux années suivantes.

Mais attention, la quantité de citations ne constitue pas une mesure de la qualité de la recherche. Il dépend du domaine scientifique et du nombre de chercheurs travaillant sur le sujet. Il existe par exemple bien davantage de scientifiques étudiant le cancer que le comportement de la fourmi. Par conséquent, les revues de cancérologie ont des facteurs d'impact bien plus importants que celles consacrées à la myrmécologie. Malheureusement, depuis quelques années, le facteur d'impact initialement imaginé comme une mesure de la réputation d'une revue est devenu une mesure de la productivité des chercheurs. Et de citer Eugene Garfield, l'un des scientifiques américains fondateurs de la bibliométrie, à l'origine des indicateurs utilisés aujourd'hui pour l'évaluation de la recherche : « Comme l'énergie nucléaire, le facteur d'impact est une bénédiction mitigée. »[1] En effet, la mesure du nombre d'articles publiés et du nombre de citations de ces articles, appelée « indice H », dévore

1. GARFIELD E., « Citation indexes to science : a new dimension in documentation through association of ideas », *Science*, 1955, 122 : 108-111.

les chercheurs. Imaginons un chercheur qui a publié 100 articles sur les fourmis. Travaillant sur un domaine peu visible, seulement 20 de ses articles seront cités plus de vingt fois dans d'autres articles scientifiques. Indice H : 20. Imaginons maintenant un second chercheur Y étudiant quant à lui le cancer qui ait publié seulement 20 articles. Profitant de la visibilité de son domaine, ses 20 articles seront cités au moins vingt fois chacun. Résultat : lui aussi a un indice H de 20. Lors de l'évaluation ou du recrutement d'un chercheur, la question fatidique se pose ainsi : « Quel est son indice H ? » Toute une carrière résumée par un unique chiffre. Un peu réducteur, non ? Dans certains pays comme la Chine, les chercheurs reçoivent des primes lorsqu'ils augmentent leur indice H. L'attribution des financements de recherche prête également de plus en plus d'attention à ce fameux indice. Le chercheur est devenu un tennisman, chaque article est un match, chaque journal un tournoi, et il lui faut grimper dans le classement ATP !

Les auteurs d'un article sont tous ceux qui ont participé de près ou de loin à la recherche. En physique, les auteurs se trouvent classés par ordre alphabétique, c'est simple. En biologie, c'est plus retors. Il y a deux places de choix. La première, occupée habituellement par celui qui a fait les expériences et écrit le papier. La dernière, souvent accaparée par le concepteur ou celui qui a payé pour la recherche : le boss ! Les places restantes, celle des autres personnes qui ont contribué à la recherche, personne n'en tient plus compte ! Ce système crée des conflits sans fin.

Comme si vous jouiez aux chaises musicales à dix avec deux chaises.

Quoi qu'il en soit, lorsqu'on termine sa recherche, il faut en estimer la portée scientifique pour choisir un journal où la publier. Lorsque j'ai conçu une nourriture pour élever des fourmis de façon optimale, je savais que cette découverte intéresserait uniquement les chercheurs élevant des fourmis. Je l'ai donc publiée dans un journal consacré aux fourmis, à relativement faible facteur d'impact. Mauvais pour mon indice H, mais très utile pour mes collègues myrmécologues. À l'inverse, lorsque j'ai découvert, pendant ma thèse, comment les fourmis évitaient d'être piégées dans des embouteillages et que nous avons pu extraire de leur comportement un algorithme d'optimisation de routage, la portée de cette découverte s'est révélée bien plus grande. Elle pouvait intéresser tous les chercheurs travaillant sur le trafic routier, la circulation des molécules ou encore le transfert de données informatiques. Nous avons donc publié dans le prestigieux journal *Nature* et sorti le champagne !

Ma première étude sur le blob m'a fait comprendre plusieurs choses. Primo, il n'existe aucun journal consacré aux blobs. La plupart des publications sur les blobs se font dans des revues de mycologie, donc spécialistes des champignons. Secundo, la communauté de chercheurs travaillant sur le blob est microscopique, comparée par exemple à celle œuvrant sur les fourmis. Mais pour Steve, ce n'était pas du tout un problème, il était intimement persuadé que notre recherche aimanterait un public bien plus large que les seuls chercheurs s'intéressant au blob. J'en avais aussi l'intuition. Nous avons donc décidé d'écrire cet article pour *Science*. On débutait en haut de l'échelle et, si ça ne passait pas, on descendrait d'un barreau. Évidemment, plus on vise haut, plus la probabilité que le journal rejette le papier est grande. *Science* refuse 94 % des articles. Nous étions donc très optimistes.

Chaque journal requiert une forme d'article particulière : nombre de mots, police de caractères... etc. Et j'ai remarqué que plus les journaux sont en concurrence, *Nature* et *Science* par exemple, plus les formats diffèrent, obligeant les chercheurs à reformater leur article lorsqu'ils essuient un refus de publication chez l'un et tentent leur chance avec l'autre. Cela peut sembler anodin, mais lorsque vous avez passé deux heures à écrire un résumé scientifique de 350 mots, eh bien, vous passez autant de temps à le convertir en 200 mots. Petite précision, tous les articles doivent être rédigés en anglais. 95 % des journaux scientifiques publient exclusivement dans cette langue. C'est un handicap pour les chercheurs non anglophones, soit... 90 % d'entre eux. Même après avoir passé trois ans en Australie, je ne me considère pas comme bilingue et j'éprouve encore des difficultés à écrire en anglais. Certes, il ne s'agit pas d'être Shakespeare mais, dans cette compétition internationale, la maîtrise parfaite du langage est un avantage certain pour ceux dont l'anglais est la langue première. Pour filer la métaphore sportive, tout se passe comme si les anglophones recevaient des raquettes de tennis et leurs adversaires non anglophones des raquettes de ping-pong. Il m'est arrivé, quand un éditeur exigeait que l'anglais soit amélioré dans un article, de souhaiter secrètement qu'il ait à rédiger un jour un article en français, juste pour qu'il prenne conscience de l'effort à fournir...

Une fois notre article écrit dans les formes demandées, nous l'avons envoyé à *Science*. À ce stade, deux possibilités : soit l'éditeur juge le papier suffisamment intéressant pour une large audience et il l'envoie à des relecteurs, dans 20 % des cas, soit il juge que c'est trop spécialisé et le retourne à l'envoyeur. C'est ce qui nous arriva et sans recours possible, car l'éditeur est roi. Une dernière précision s'impose : les éditeurs de ces journaux, comme les relecteurs, sont des scientifiques qui sont plus ou moins proches de votre domaine de recherche. Si l'éditeur n'a jamais entendu parler du sujet de l'article, il va penser que cela n'intéressera pas grand monde. Or le blob est un OVNI.

Sans nous décourager, Steve et moi avons décidé d'envoyer l'article, après reformatage complet, à un autre journal généraliste au facteur d'impact un peu moins élevé mais doté d'un panel d'éditeurs bien plus large : *PNAS* (*Proceedings of the National Academy of Sciences*). La réponse se révéla surprenante, une première même, autant pour moi que pour Steve. L'éditeur trouvait nos résultats vraiment intéressants mais rejetait l'article car la façon dont nous les présentions était, selon lui, beaucoup trop compliquée pour un large public. Il promettait cependant de reconsidérer sa décision si nous réécrivions entièrement le papier, nous laissant une petite porte ouverte. Excellente nouvelle ! Une porte ouverte à *PNAS*, même minuscule, valait la peine de tenter de la franchir ! Nous avons donc réécrit l'article avant de le renvoyer. Nouveau stress. Il est possible de suivre le traitement de son article sur le site web du journal auquel on l'a soumis, par exemple de voir si l'éditeur l'a adressé ou pas aux relecteurs. Chaque jour, le cœur palpitant, je cliquais sur « statut de l'article », les yeux à demi cachés derrière mes doigts comme si cela pouvait alléger la sentence. Bingo ! Une semaine après, l'éditeur avait transféré notre papier aux relecteurs. Première victoire et non des moindres ! 80 % des articles ne franchissent pas ce cap.

Le relecteur doit avoir une certaine expertise du domaine, sans être un collaborateur, ancien ou actuel, de l'auteur, ni se trouver en conflit avec lui. Eh oui, en science, la compétition fait des ravages. Vous êtes nouveau dans un domaine de recherche ? Vous avez contredit une découverte scientifique précédente ? Vous avez du succès ? Vous avez travaillé avec la mauvaise personne ? Les raisons de se faire des ennemis, sans le vouloir et même sans le savoir, ne manquent pas… Le hic est que l'éditeur ignore souvent ce qui se passe entre chercheurs dans chaque domaine… Dans ce système, il faut l'avouer assez unique, vous vous trouvez donc littéralement évalué par votre concurrence. Comme si Renault, avant de lancer une nouvelle voiture, la faisait tester par Audi, partageant ainsi toutes ses caractéristiques. À votre avis, que ferait la marque concurrente ?

L'éditeur envoie habituellement l'article à trois ou quatre relecteurs afin de prendre une décision incontestable. Ils ont deux semaines pour rendre leur rapport. Trouveront-ils l'article publiable tel quel – c'est extrêmement rare –, publiable après corrections mineures, publiable après corrections majeures ou impubliable ? Une fois la décision prise, la réponse est adressée à l'auteur, accompagnée des rapports des relecteurs.

Le chercheur est confronté à l'échec, à répétition. Mais surtout à l'injustice, à l'ignorance, à la mauvaise foi, il ne faut donc pas qu'il se montre susceptible. Si le relecteur estime votre travail mauvais, vous devez tenter de le convaincre du contraire si vous voulez être publié. Mais, d'expérience, ne jamais répondre aux rapports des relecteurs le jour même de leur réception car vous pouvez être à cran et ne pas témoigner de toute l'amabilité requise dans ce genre de circonstances. Certains commentaires me hantent encore. Heureusement, ou malheureusement, selon le côté de la barrière où l'on se trouve, les relecteurs, à la différence des auteurs, sont anonymes. Cela afin d'éviter des vendettas pas toujours scientifiquement légitimes.

Pour notre article sur le blob et la nutrition, il n'y eut pas de drame, la décision fut positive[1] et les corrections à apporter mineures. Explosion de joie – la recherche, ce sont les montagnes russes émotion-

1. DUSSUTOUR, A., LATTY, T., BEEKMAN, M. & SIMPSON, S.J. (2010), « Amoeboid organism solves complex nutritional challenges », *Proceedings of the National Academy of Sciences*, 107 (10), 4607-4611.

nelles –, surtout pour moi car je débutais. Pour sa part, Steve alignait déjà 300 articles publiés !

Un article dans une revue telle que *Nature, Science,* ou *PNAS* vous assure aussi une couverture médiatique. Au travers de cette étude, le blob, cet être étrange et fascinant, faisait donc son entrée dans les médias. À cette époque, je n'avais pas communiqué son surnom. Du coup, il fut dénommé « amibe » par les journalistes. On l'affublait une fois de plus du nom d'un autre organisme !

L'effervescence passée, il fallut « passer à la caisse ». En effet, il s'avère parfois nécessaire de payer pour publier. En réalité, c'est de plus en plus fréquent avec l'apparition des revues open access, accessibles gratuitement sur Internet. De prime abord, l'open access semble un bon principe car il permet à toute personne, scientifique ou non, de prendre connaissance des dernières avancées de la recherche. Il y a une quinzaine d'années encore, pour avoir accès à une revue, il fallait faire partie d'une université et que l'université s'y abonne. Si vous dépendiez d'Harvard, vous pouviez consulter quasiment toutes les revues scientifiques – même celle consacrée aux insectes d'Hawaï. À l'inverse, si vous apparteniez à une petite université moins dotée ou à aucune, vous deviez écrire directement à l'auteur pour recevoir une copie de son étude. Il risquait entre-temps d'avoir changé d'adresse email ou de profession. Trouver un article se transformait parfois en parcours du combattant. La revue en libre accès a introduit un changement capital : le lecteur ne paie plus pour lire, mais l'auteur pour être publié.

Il existe à l'heure actuelle 10 000 revues en open access. Revers de la médaille : l'augmentation du prix[1] des articles, entre 8 et 5 000 euros, et parfois l'infléchissement de leur qualité[2]. Voilà en substance la conclusion du comité d'éthique du CNRS qui s'est penché sur l'open access[3] : « De plus en plus de chercheurs considèrent que les grands éditeurs scientifiques font payer trop cher les abonnements aux bibliothèques scientifiques, alors que les chercheurs eux-mêmes réalisent une grande partie du travail. Je pense en particulier à l'évaluation par les pairs [...]. À l'inverse, la libre publication sur Internet par les chercheurs n'est pas optimale. [...] Chaque article peut coûter plusieurs milliers d'euros aux chercheurs. Ce modèle comporte de ce fait des inconvénients car il est réservé aux laboratoires qui en ont les moyens. Sans compter les effets pervers d'un système qui risque d'encourager des publications à seule fin de rendre une revue rentable... » Pour tester à quel point certaines revues open access sont prêtes à publier n'importe quoi moyennant finance, le journaliste et biologiste John Bohannon a réussi à faire accepter par la revue *International Archives of Medicine* une étude peu probante sur les vertus amincissantes du choco-

1. VAN NOORDEN, R. (2013), « The true cost of science publishing », *Nature*, 495, 426-429.
2. BOHANNON J. (2013), « Who's Afraid of Peer Review ? » *Science* 342, 60-65.
3. http://creativecommons.fr/avis-du-comets-sur-le-libre-acces-aux-publications-scientifiques-open-access/

lat, relayée ensuite par plusieurs médias généralistes. Preuve selon lui que l'essor de l'open access s'est accompagné de la création de pseudo-revues scientifiques par des maisons d'édition peu scrupuleuses, au fonctionnement opaque, et qui sont désormais qualifiées d'« éditeurs prédateurs ».

Personnellement, je soutiens l'open access dans une certaine mesure même si je manque cruellement d'argent pour publier mes travaux en accès libre. L'article sur la nutrition du blob nous a coûté près de 1 500 euros, avec un supplément pour la couleur. Mais il le fallait, un blob gris aurait été trop triste.

Blobs à vendre

UNE fois rentrée en France, quelque chose me chiffonnait. Myrmécologue – un bien joli mot pour « spécialiste des fourmis » –, je sais bien que le critère primordial pour chaque expérience est de la répéter sur plusieurs colonies de fourmis afin d'éviter justement « l'effet colonie ». Le comportement observé peut en effet se limiter à une seule colonie. Or, les chercheurs travaillant sur le blob ne s'encombrent pas de « l'effet blob ». Ils réalisent toutes leurs expériences sur un blob unique qu'ils découpent indéfiniment en morceaux. Des dizaines d'années de recherche entièrement réalisées sur les clones d'un être unique ! Si nous extrapolions le comportement humain à partir de recherches effectuées sur un individu choisi au hasard comme s'il représentait à lui seul toute l'humanité, accepteriez-vous de prendre un médicament testé sur un seul individu ? Ou que l'on déduise votre comportement à partir d'un modèle unique ? Et s'il s'agissait d'un sociopathe… ?

En France, je ne disposais que d'un seul blob, australien. Je me mis donc en quête d'un congénère. Mais où le trouver ? En 2003, Steven Stephenson, biologiste à l'Université d'Arkansas, entreprit une expédition mondiale afin d'évaluer la répartition des blobs, au terme de laquelle il m'annonça : « À chaque endroit où nous les avons cherchés, nous les avons trouvés. » En général, les blobs aiment bien l'humidité des bois morts, des vieilles souches en décomposition et l'ombre. Il faut partir en forêt pour les capturer. Ou viser les fruits pourris, les insectes morts, les fèces, les tas de compost ou, mieux encore, leur nourriture favorite en milieu naturel : les champignons. Un chercheur américain en a même trouvé sur un lézard vivant ! Le blob avait choisi de se déplacer plus rapidement, en taxi !

Certains, comme *Fuligo septica*, notre cher vomi de chien, peuplent également nos jardins. Il en existe aussi dans les aquariums. Cette variété de blob aquatique se nourrit d'algues. Nous ne cessons jamais de progresser dans l'étrange. Le blob représente le cauchemar des aquariophiles, qui, ni une ni deux, ajoutent des antifongiques dans l'eau. Erreur ! Vous le savez maintenant, le blob n'est pas un champignon, et donc, à moins de vider complètement l'aquarium et de le laver au détergent, on ne se débarrasse pas de lui comme ça. Aquariophiles ! Si vous avez un tant soit peu l'âme écologiste, considérez-le au même titre que le poisson lave-vitre, un technicien de surface qui a non seulement son utilité mais ajoutera aussi une touche d'originalité certaine dans votre aquarium, attisant la curiosité de vos amis.

Les blobs ont bien d'autres charmes insoupçonnés. Ils peuvent vivre dans le désert, mais aussi sous la neige. Certaines espèces ne se trouvent d'ailleurs qu'en montagne. Toutefois, en règle générale, les blobs cultivent un penchant pour les temps doux et humides. Oui, les blobs aiment les étés pluvieux... Géographiquement, ce sont des cosmopolites convaincus, on les rencontre sur toute la planète : déserts, tropiques, forêts tempérées ou boréales, toundras arctiques... Rien ne les arrête, hormis les milieux surexploités par l'homme.

Cependant, la quête d'un blob précis revient à chercher une aiguille dans une meule de foin, en pleine obscurité et les mains attachées. Pour identifier un blob, il vous faut ses sporanges, soit ses organes reproducteurs. Or, la production des sporanges est à la fois énigmatique et erratique. Elle dépend de la saisonnalité, des conditions météorologiques en vigueur le jour J, de la variabilité microclimatique du bout de bois dans lequel le blob se trouve, du pH du substrat sur lequel il rampe, du degré d'obscurité, de la présence de nourriture, du voisinage ou pas d'autres blobs, etc. Imaginons que toutes les conditions pour la production de sporanges soient réunies, il faut ensuite les repérer… Si certains sporanges sont d'un blanc immaculé, d'autres d'un jaune éclatant ou d'un orange flamboyant, les sporanges du blob que je cherchais sont noirs. Enfin, rappelez-vous, il s'agit de petits filaments d'un millimètre de hauteur surmontés d'une boule d'un demi-millimètre de diamètre… Bon ! Admettons que vous soyez très chanceux et que vous trouviez des spores. Il existe plus de 1 000 espèces connues de blobs, la probabilité que vous trouviez « le » blob de la bonne espèce semble équivalente à la probabilité de gagner deux fois au loto dans une vie.

Je ne suis donc pas partie en forêt tenter ma chance. Dans la recherche, le temps est une denrée bien trop rare. D'autant qu'il existe un moyen beaucoup plus simple : appeler un collègue qui possède le blob en question. Tâche aisée, car les auteurs précisent la provenance du blob étudié dans leurs publications. Me voilà à nouveau plongée dans la littérature. Très vite, je me rends compte que la majorité des chercheurs américains étudient principalement un blob commercialisé aux États-Unis qui s'achète sur Internet pour 20 euros. Mais pourquoi vendent-ils des blobs, me direz-vous ? Pour éduquer ! Les élèves des écoles américaines réalisent de petites expériences sur le blob. Un organisme abonné aux flocons d'avoine, dont la lenteur prévient tout risque de fugue, s'avère un bien meilleur modèle d'observation que le cochon d'Inde. Et, avec le blob, pas de risque d'allergies !

Je m'aperçois que les chercheurs européens travaillent également sur ce fameux blob commercialisé aux États-Unis. Les rares scientifiques australiens qui étudient le blob l'achètent directement en Australie pour une quarantaine d'euros. Mais les chercheurs les plus nombreux se trouvent au Japon. Ils utilisent un blob récolté dans les forêts japonaises qu'ils s'échangent de labo en labo. A priori, la majorité des chercheurs dans le monde réalisent leurs expériences avec seulement... trois blobs : l'américain, le japonais et l'australien. Trois, c'est toujours mieux qu'un seul, mais loin des 20 blobs que j'espérais initialement.

J'ai écumé Internet à la recherche de sociétés commercialisant des blobs pour en trouver une, à visée scientifique, qui en proposait plusieurs lignées. Victoire ! Ma jubilation fut de courte durée. La moindre lignée coûtait 1 000 euros.

Le nerf de la recherche ?
L'argent !

F INANCER ses recherches devient encore plus compliqué lorsqu'on travaille sur des organismes singuliers. J'en ai pris conscience en entrant au CNRS où l'on m'a attribué un bureau de 17 mètres carrés à partager avec deux étudiants de doctorat, très gentils au demeurant mais affectés à un autre chercheur. Je n'ai obtenu mon propre bureau que deux ans plus tard. Même délai pour accéder à un petit labo où faire mes expériences. Un chercheur sans labo, un comble ! Ce serait comme engager un chauffeur sans lui fournir de véhicule. Heureusement, l'un de mes collègues spécialiste des fourmis effectuant beaucoup de missions au Mexique, il me donna libre accès à son laboratoire.

J'eus enfin un petit labo et un bureau attenant, dans un état épouvantable. Les locaux n'avaient pas été rénovés depuis 1960, l'âge du bâtiment. Il fallut d'abord nettoyer les murs couverts de déjections d'oiseaux, la pièce étant autrefois réservée à l'élevage de canaris. Puis monter un atelier peinture. La recherche peut vous conduire à pratiquer toutes sortes de métiers. Malheureusement, peindre dépasse mes compétences. Gérard, l'un de mes collègues, vint donc à la rescousse. L'installation électrique, datant des années 1960, dut aussi être mise aux normes. L'Université Paul Sabatier, immense (264 hectares), ne disposant que de cinq électriciens, il fallut s'armer de patience. Cela me laissa le temps de commander les fournitures nécessaires pour les travaux, soit 4 000 euros de matériel, nullement pris en charge par l'Université. Je n'ai pas fait installer la climatisation dans mon bureau, privilégiant le labo. Les blobs évoluent donc à 25 degrés toute l'année, l'idéal pour eux, et j'oscille entre 15 et 35 degrés selon les saisons.

Une fois les deux pièces rafraîchies et les travaux d'électricité achevés, il ne restait plus grand-chose pour meubler le bureau et équiper le labo. Une armoire ventilée et thermostatée pour élever des blobs coûte en moyenne le prix d'une voiture neuve intérieur cuir, il m'en fallait cinq ! Tout cela à financer sur les crédits de recherche versés par l'Université et le CNRS, soit entre 4 500 et 5 500 euros par an et par chercheur. À l'aide de cette corne d'abondance, un chercheur doit mener ses recherches, payer ses factures (téléphone, photocopies), rémunérer les étudiants en stage et de temps en temps partir en conférence. Bref, mission impossible. Il faut absolument trouver de l'argent ailleurs. J'ai donc mis à profit ces deux années sans laboratoire personnel pour rechercher... de l'argent. J'ai rédigé des dizaines de projets et les ai envoyés à toutes les fondations et agences de financement que je connaissais. Chacune édictant ses propres critères en termes de longueur de projet, de sujet à aborder, etc., cela prend un temps incommensurable.

Premier écueil : quand vous travaillez sur un organisme aussi bizarre que le blob, vous êtes rarement pris au sérieux. Les agences de financement posent préalablement des « défis sociétaux » auxquels votre recherche doit coller. Autant le dire tout de suite, l'étude du blob ne représente pas un « défi sociétal ». Et c'est à mon avis une erreur. Sans recherche fondamentale en amont, pas de recherche appliquée en aval. Je comprends qu'une agence soit tentée de financer seulement la recherche sur le cancer, mais les grandes découvertes scientifiques interviennent souvent lors de recherches en apparence très éloignées du sujet et, qui sait, peut-être même des recherches sur le blob !

Deuxième écueil : qu'elles soient françaises ou européennes, les agences de financement n'ouvrent leur cassette qu'à 10 % des projets qu'elles reçoivent, grand maximum. Je vous laisse imaginer la décision d'une agence qui a le choix entre financer une étude sur la maladie d'Alzheimer et une autre sur la personnalité des blobs. Je ne peux même pas leur en vouloir. Ensuite, le succès appelle le succès. Si vous obtenez des financements, vous pouvez rémunérer de jeunes chercheurs qui travaillent avec vous et font avancer vos recherches, vos résultats sont alors publiés, faisant grandir votre notoriété, la confiance que l'on vous accorde lorsqu'il s'agit de financer d'autres recherches, etc. Et inversement.

Pourtant, une fondation m'a fait confiance. En 2010, la fondation Fyssen, soutenant les études sur le comportement animal, m'a offert 30 000 euros pour continuer mes travaux sur la nutrition du blob, me permettant d'aménager mon laboratoire. Les années suivantes, j'ai continué à déposer des projets, sans résultat. Cela malgré le succès des découvertes sur le blob. Face aux refus de financement, surtout ne jamais baisser les bras. Il faut faire preuve d'imagination et ne pas avoir peur de s'expatrier. Certains pays sont plus ouverts aux recherches insolites que la France. En 2012, je me suis ainsi « réfugiée » en Suède pendant six mois afin de mener mes expériences. Ce fut un vrai coup de fouet à mes recherches. Je suis rentrée ragaillardie et optimiste. Sans avoir réussi cependant à convaincre les agences de financement de l'intérêt à travailler sur le blob. C'est pourquoi j'ai opté pour une nouvelle stratégie : convaincre le grand public de l'intérêt du blob ! Nous avons la responsabilité de communiquer sur nos travaux pour faire comprendre au plus grand nombre l'intérêt indispensable de la recherche fondamentale. Cela permet aussi de faire évoluer le système de financement actuel ne favorisant que les projets dont les applications sont immédiatement évidentes. Il nous incombe particulièrement, à nous chercheurs qui sortons des sentiers battus, de démontrer par nos découvertes que garder l'esprit ouvert permet de réaliser de grandes avancées scientifiques.

Le yankee

Par manque de moyens, je décidai finalement de me restreindre à l'étude de trois blobs : australien, américain et japonais. J'avais déjà l'australien, rapporté dans mes bagages. Je partis donc en quête de l'américain. Il ne se vend qu'aux États-Unis, mais dans mon domaine, on a toujours un ami français parti travailler aux States. La fameuse « fuite des cerveaux ». Laure Verret et moi avions suivi des études de neurosciences ensemble. J'avais commencé par étudier les neurosciences à la faculté, mais une allergie aux souris, modèle animal par excellence, combinée à une certaine réticence à les sacrifier, m'avait stoppée net. Conseil à l'intention des futurs chercheurs : ne donnez jamais de petits noms à vos souris ! Laure, en revanche, avait poursuivi une brillante carrière dans les neurosciences à San Francisco. Je la contactai avec la demande saugrenue de m'envoyer un blob par la Poste, passant outre les interdictions de la société qui le commercialisait. Elle n'hésita pas une seconde. Les impondérables de la Poste américaine ajoutés à ceux de la française me jouèrent cependant un mauvais coup. Le blob américain arriva à destination en très mauvais état et pile le jour où je partais en vacances. Là, pas moyen de le laisser au laboratoire même pour cinq jours. Une surveillance quotidienne se révélait nécessaire vu l'état fébrile du blob. Je dus donc ajouter des flocons d'avoine et des boîtes dans mes valises. L'air océanique fut revigorant pour le blob. Beaucoup moins inattendue fut la tête de mes amis à la vue de l'invité surprise. Un scientifique parle rarement de ses recherches en dehors du laboratoire de peur d'ennuyer la galerie ou de s'entendre rétorquer : « Et c'est à ça que servent mes impôts ! » Mes amis se montrèrent d'abord interloqués puis fascinés par le blob, par sa croissance, mais pas seulement. Benjamin, mon meilleur ami, déclara après l'avoir reniflé : « C'est marrant, cela me rappelle quelque chose cette odeur. » Le blob américain sentait, selon lui, le liquide sécrété par les glandes génitales mâles produisant les spermatozoïdes...

C'est vrai, le blob américain n'a pas la même odeur que l'australien. Après tout, les humains n'ont pas tous non plus la même odeur. Mais ce n'est pas la seule différence. L'américain est légèrement orangé, l'australien bien jaune. Pratique en labo lorsqu'il nous arriva d'oublier d'étiqueter les boîtes... Les blobs se différencient également dans leur façon d'explorer l'environnement. Lorsque l'australien part à la recherche de nourriture, il forme des pseudopodes en éventail. L'américain génère, lui, des pseudopodes ressemblant à de longs doigts rectilignes extrêmement rapides. De surcroît, le blob américain semblait grandir bien plus vite. Il fallait l'alimenter matin et soir car il doublait de taille en moins de douze heures. Son appétit se trouvait difficile à assouvir et, en l'absence de nourriture, il prenait vite la poudre d'escampette. Cela nous valait des heures de vaisselle car, faute de moyens, nous réutilisions les boîtes dans lesquelles nous les élevions, soit 210 boîtes par semaine juste pour l'élevage ; qui évidemment ne passaient pas au lave-vaisselle… Je dois dire que Jean-Claude Ameisen et ses magnifiques émissions de radio m'ont permis de voyager au-delà de mon évier !

Concernant la nourriture, les blobs américains et australiens n'ont pas les mêmes goûts. Au laboratoire, nous utilisions toujours la même marque de flocons d'avoine, la seule disponible en supermarché. Mais comme je finançais tous ces paquets à mes frais, je me suis lancée dans l'achat en gros.

Un grossiste belge vendait des flocons d'avoine par seaux de 20 kilogrammes, « bio » de surcroît, donc adieu les vilains conservateurs et autres additifs. Nous avons donc reçu un jour une centaine de kilos de flocons d'avoine, de quoi tenir deux mois. Le blob australien s'est jeté dessus, mais l'américain a catégoriquement refusé d'y toucher ! Il est sorti de sa boîte pour aller chercher mieux ailleurs… Cette fine bouche m'a permis de comprendre une chose fondamentale : on ne pouvait pas extrapoler le comportement d'un blob à un autre… Je décidai donc d'en faire le sujet d'une nouvelle expérience, puisque tout le monde semblait négliger ce phénomène.

Le maître des blobs

AFIN de me procurer le blob japonais, je pris contact avec le plus grand spécialiste du comportement du blob, le professeur Toshiyaki Nakagaki, qui l'avait remis sous la lumière des projecteurs. Dans les années 1960, le blob avait été très populaire chez les biologistes cellulaires qui trouvaient beaucoup d'avantages à cette cellule géante, donc facilement observable. Mais avec l'avancée des technologies, et en particulier de la microscopie, ils s'en sont peu à peu désintéressés. Toshiyaki Nakagaki fut le premier chercheur à moderniser l'étude du blob avec des expériences très originales. Il est le seul que je connaisse à avoir remporté deux fois le prix Ignobel pour ses recherches sur le blob. Le prix Ignobel, à ne pas confondre avec le prix Nobel, récompense des recherches sérieuses faisant à la fois sourire et prendre du recul sur la science. Comme la possibilité de réduire la masse des déchets de cuisine de plus de 90 % en utilisant des bactéries extraites d'excréments de pandas géants. Ou la preuve que les chimpanzés identifient de façon individuelle leurs congénères par leur seul postérieur. Ou encore l'observation que les vaches baptisées d'un prénom produisent plus de lait que les autres, et que, lorsqu'ils sont perdus, les scarabées bousiers retrouvent leur chemin en regardant la Voie lactée…

Toshi a décroché son premier prix Ignobel en montrant que le blob japonais trouvait le plus court chemin d'un bout à l'autre d'un labyrinthe [1]. Les blobs devaient repérer deux sources de nourriture situées chacune à une sortie d'un labyrinthe et, après les avoir trouvées, être capables de les relier.

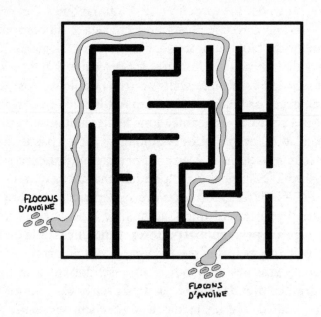

Les routes susceptibles d'être empruntées par le blob conduisaient soit à des sorties, soit à des culs-de-

1. NAKAGAKI, T., YAMADA, H. & TÓTH, A. (2000), « Intelligence : Maze-solving by an amoeboid organism », *Nature*, 407 (6803), 470-470.

sac. Tous les blobs testés par Toshi ont réussi leur mission. Aucun ne s'est perdu dans le labyrinthe. La stratégie utilisée par chacun a consisté non à choisir une direction au hasard, mais à parcourir le labyrinthe en se déployant jusqu'à rencontrer un autre blob et fusionner avec lui. Au bout d'un certain temps, il n'y avait plus qu'un seul blob géant dans le labyrinthe couvrant tous les chemins possibles et donc toutes les sorties. Une fois les deux points de nourriture géolocalisés, le gros blob a rétréci de façon à n'emprunter que le chemin le plus court reliant les deux. Je me suis fait la réflexion que, dans la même situation, un humain partirait seul en courant et explorerait dans tous les sens le labyrinthe en vain...

Toshi a reçu son deuxième prix Ignobel pour une expérience absolument fascinante. Il a recréé en gel d'agarose, dans une boîte circulaire d'une vingtaine de centimètres, des mini-cartes de la région de Tokyo. Le gel d'agarose est une sorte de gélatine souvent utilisée lorsque l'on fait des confitures. Pourquoi des cartes en gélatine ? Tout simplement parce que le blob ne supporte pas de se déplacer sur des surfaces sèches. Une fois la carte découpée, Toshi a déposé un flocon d'avoine à l'emplacement de chaque ville située autour de Tokyo. Il a ensuite placé un blob à l'emplacement de Tokyo et l'a laissé explorer son environnement. À chaque fois que le blob rencontrait un flocon d'avoine, il déployait une veine entre sa position initiale et le flocon. Ainsi, à la fin de l'expérience, une fois tous les flocons découverts, Toshi a pu capturer les réseaux formés par les blobs pour relier chaque flocon d'avoine.

Il les a alors comparés au réseau ferroviaire de la région de Tokyo. Le blob produisait un réseau bien plus efficace ! Et plus robuste. Toutes les villes restaient connectées même si un lien se trouvait rompu et les chemins empruntés apparaissaient à la fois plus courts et moins redondants.

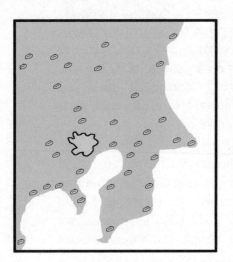 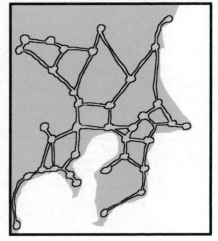

Un autre chercheur a reproduit l'expérience avec d'autres pays comme le Canada, l'Angleterre et la France. Les résultats se sont révélés identiques. Même en présence de contraintes géographiques spécifiques, type montagne ou cours d'eau, le blob semble plus à même que nous de planifier un réseau ferroviaire[1] !

1. TERO, A., TAKAGI, S., SAIGUSA, T., ITO, K., BEBBER, D.P., FRICKER, M.D. & NAKAGAKI, T. (2010), « Rules for biologically inspired adaptive network design », *Science*, 327 (5964), 439-442.

Ces recherches ont donné naissance à des algorithmes blobs[1] susceptibles d'optimiser nos réseaux de transports. Qui n'a pas été piégé dans l'enfer des embouteillages ? Que ce soit dans le domaine des transports, de l'énergie ou des télécommunications, architectes, ingénieurs, informaticiens et mathématiciens cherchent perpétuellement à optimiser nos réseaux. Et si le blob avait la solution ? Depuis des centaines de millions d'années, le blob développe un réseau de veines adapté aux conditions environnementales les plus variées. Des millions d'années d'optimisation. Ne devrions-nous pas nous en inspirer ?

Toshi fit une troisième découverte tout aussi intéressante. Il démontra que le blob anticipait et se préparait aux changements de son environnement[2]. Son expérience consistait à placer un blob sur une plaque de gélose stockée dans un endroit chaud et humide. Toutes les trente minutes, il faisait chuter la température et l'humidité. À chaque fois, le blob arrêtait de croître. Après avoir répété l'expérience plusieurs fois, Toshi ne modifia plus l'environnement. À sa grande surprise, le blob cessait toujours de croître toutes les trente minutes. Comme si une horloge biologique lui permettait d'anticiper les événements et d'y préparer son rythme de croissance. Cette fois, Toshi n'obtint

1. LI, K., TORRES, C.E., THOMAS, K., ROSSI, L.F. & SHEN, C.C. (2011), « Slime mold inspired routing protocols for wireless sensor networks », *Swarm Intelligence*, 5 (3-4), 183-223.
2. SAIGUSA, T., TERO, A., NAKAGAKI, T. & KURAMOTO, Y. (2008), « Amoebae anticipate periodic events », *Physical Review Letters*, 100 (1), 018101.

pas de prix Ignobel. Le blob cessa de faire rire. Il commençait à être pris au sérieux.

À la recherche de mon blob japonais, j'envoyai donc un email à Toshi qui non seulement accepta de m'offrir son blob, mais m'invita à visiter son laboratoire au Japon en janvier 2012. Je fus reçue royalement. Toshi me fit découvrir à la fois les coutumes culinaires, les très bons whiskys et le blob japonais. Une expérience professionnelle extraordinaire. C'était la première fois que je rencontrais un spécialiste du blob et je pouvais me laisser aller à échanger toutes sortes d'observations. L'Université possédait des laboratoires étincelants, de grands espaces dédiés à la discussion, des bureaux ouvrant sur de grandes verrières surplombant la baie de Hakodate, à des années-lumière de mon laboratoire toulousain des années 1960. Le bureau de Toshi constituait un peu la caverne d'Ali Baba du blob, avec ses étagères d'ouvrages anciens tous dédiés à l'organisme. Je lui racontais mes observations sur les différences entre les blobs australiens et américains. Il en fut fasciné et m'encouragea à continuer mes recherches en y incorporant le blob japonais. Je repartis du Japon avec des idées plein la tête et un blob dissimulé dans mes bagages !

Lorsque je commençai à élever le blob japonais, je m'aperçus rapidement de son extrême vélocité, supérieure encore à celle de l'américain. Je devais parfois le réapprovisionner plus de trois fois par jour. Contrairement à son cousin américain, il se régalait des flocons d'avoine bio.

Trois blobs = trois personnalités !

U NE fois mes trois blobs obtenus, je partis en Suède pour me consacrer exclusivement à leur observation. Pourquoi la Suède ? Un hasard, encore. En juin 2011, j'avais été invitée à y donner une conférence sur les algorithmes fourmis par un collègue mathématicien, David Sumpter. Lors du banquet de clôture, je parlai à David des différences observées entre le blob australien et le blob américain et de mon souhait de les étudier. Je lui fis également part du manque de soutien financier entravant mes recherches. David se montra très intéressé et avait de l'argent à dépenser. S'il avait déjà participé à des travaux théoriques sur le blob, il était frustré de n'avoir encore jamais mené d'expériences lui-même. Il me proposa donc de venir travailler avec lui en Suède. Après réflexion et quelques bières, je fus convaincue moi aussi de l'intérêt de cette aventure nordique. C'est l'un des grands avantages du CNRS : un chercheur peut partir travailler à l'étranger pendant six mois.

Mes trois blobs sous le bras, je débarquai donc à Uppsala en février 2012. Cette petite ville offre peu de distractions. Un grand avantage pour le chercheur ! Par ailleurs, je logeais dans un studio d'étudiant à l'écart du centre. Ne me demandez donc pas ce qu'il faut visiter à Uppsala ! Je n'en connais que le supermarché situé juste en dessous de mon studio. J'ai travaillé sept jours sur sept pendant six mois. La première expérience que je décidai de conduire était extrêmement basique. Elle visait à caractériser les différences de comportement des blobs, observées de façon anecdotique lors de l'élevage au quotidien. En science, les observations c'est bien, mais la quantification c'est mieux si on veut un jour être publié. L'expérience consistait donc à placer un blob au centre d'une boîte recouverte de gel puis à observer sa façon d'explorer son environnement en l'absence de tout stimulus, nourriture ou autre.

Depuis mes expériences en Australie, j'avais amélioré le système de suivi, en m'équipant d'appareils photo programmables, afin de prendre des clichés toutes les cinq minutes, sans être présente, nuit et jour. Le blob avançant de 1 centimètre à l'heure, on est certain de ne passer à côté de rien d'important avec des mesures toutes les cinq minutes. J'ai testé au total 50 blobs japonais, 50 australiens et 50 américains, réalisant pour chacun 288 photos, que j'ai ensuite regardées afin de quantifier leur comportement. Un travail fastidieux, comme regarder le même film muet cent cinquante fois.

Fastidieux, mais instructif. Une heure après avoir déposé le blob américain dans sa boîte, il avait formé deux ou trois pseudopodes extrêmement fins, rapides et arborés, et, en moins de dix heures, avait fait le tour de son univers clos. La stratégie d'exploration du japonais apparaissait clairement différente. Il se déployait d'abord dans toutes les directions, de manière circulaire et très rapide, sur 2 ou 3 centimètres de façon à couvrir la moitié de la boîte. Puis il formait également des pseudopodes, mais très larges et bulbeux. En moins de six heures, il avait achevé son exploration. Le blob australien se conduisait de façon comparable en prenant toutefois trois fois plus de temps que le japonais. Au bout de vingt-quatre heures, il n'était parvenu qu'à la moitié de la boîte. Moralité : quand il s'agit de tester un nouveau protocole expérimental, éviter le blob australien ! À la suite de cette expérience, il semblait possible de différencier les trois blobs en observant leurs comportements. Je décidai d'aller plus loin dans des environnements plus complexes. J'ajoutai donc une source de nourriture.

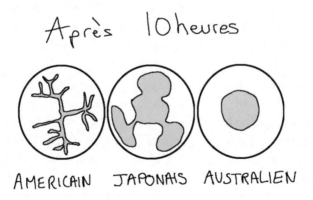

Après 10 heures

AMERICAIN   JAPONAIS   AUSTRALIEN

L'expérience paraît simpliste, mais si l'on manipule d'emblée un grand nombre de paramètres, on finit par ne plus pouvoir répondre à la question initiale. Quand on débute dans la recherche, il est fréquent de tomber dans le piège du protocole ambitieux donc extrêmement compliqué. En licence, lorsque j'ai entamé mes études de comportement animal, j'avais en tête de comprendre l'épouillage chez le macaque. Comme tout éthologiste en herbe, je me voyais déjà en nouvelle Jane Goodall. Cette expérience constitua un échec cuisant... J'avais voulu faire varier l'âge (adulte, adolescent, jeune), le sexe (mâle ou femelle), l'état physiologique (affamé, nourri), le lien de parenté (proche parent, connaissance, étranger), le rang hiérarchique (dominant, intermédiaire, dominé) et le groupe d'appartenance (groupe A et groupe B) de mes couples de macaques occupés à s'épouiller. Au bout de deux mois j'avais accumulé une telle quantité de données qu'elles se révélèrent inexploitables. J'avais 23 436 paires de macaques possibles sans pouvoir tirer aucune conclusion sur le rôle de l'âge, du rang hiérarchique, du sexe...

Dans cette seconde expérience suédoise, je n'introduisis donc qu'une seule source de nourriture. C'était suffisant pour savoir si sa présence allait affecter de la même manière mes trois blobs. Je débutai avec un aliment familier, mélange de flocons d'avoine et de gel. Les blobs perçoivent la nourriture à une certaine distance à l'aide de récepteurs présents sur leur membrane. Certaines molécules odorantes les attirent, d'autres les font fuir. Le blob affectionne le sucre, les protéines, certains lipides, mais déteste le sel, les acides, la quinine, la caféine. Dans le laboratoire, nous avons testé, par pure curiosité, toute une gamme de substances. C'est le jaune d'œuf dont il raffole le plus. La perception des molécules alimentaires dépend à la fois de la distance à laquelle elles se trouvent et de leur pouvoir de diffusion. Un blob peut sentir du sucre placé à 5 centimètres – une distance non négligeable pour lui – mais il doit avoir littéralement le nez sur les flocons d'avoine pour les repérer.

Après avoir incorporé la nourriture au sein du gel, je déposai le blob à 2 centimètres afin de mesurer sa rapidité à trouver la nourriture. Le japonais et l'américain ont mis moins de trois heures, contre six pour l'australien. Le plus frappant ne fut pas tant la différence de vitesse, somme toute prévisible vu les résultats de l'expérience précédente, mais les écarts de performance des blobs japonais. Certains parvenaient à la nourriture en moins d'une heure alors que d'autres prenaient cinq fois plus de temps. Les blobs australiens et américains, eux, se comportaient tous et tout le temps de la même manière. Autre différence notable : si le blob japonais choisissait une direction et partait à toute vitesse, l'australien et l'américain demeuraient d'abord sur place (une heure pour le premier et au minimum deux heures pour le deuxième), comme s'ils attendaient quelque chose. Les blobs ne semblaient percevoir la nourriture que lorsque certaines substances avaient eu le temps de diffuser. Afin de vérifier cette hypothèse, je déposai la nourriture vingt-quatre heures avant les blobs. Cette fois, les japonais parvinrent au but en une heure, les américains en deux et les australiens en quatre. Aucun blob japonais ne partit dans la mauvaise direction. Et ni les américains ni les australiens ne patientèrent avant de s'élancer. Cela me donna l'idée de tester une théorie bien connue en comportement animal, celle du compromis entre précision et rapidité. Les humains y sont également confrontés : nous choisissons parfois la rapidité au détriment de l'exactitude.

J'offris trois problèmes à mes blobs afin d'évaluer leur résolution du compromis vitesse/précision. À chaque fois, deux options s'offraient au blob : l'une bonne et l'autre un peu moins. Première situation : deux sources de nourriture identiques, l'une placée deux fois plus près du blob que l'autre. Deuxième situation : des sources équidistantes, l'une plus abondante que l'autre. Troisième situation : deux sources, toujours à même distance du blob l'une constituée de jaune d'œuf mélangé à des flocons d'avoine (le *nec plus ultra* pour un blob) et l'autre de simples flocons d'avoine. L'australien se révéla le plus compétent. Il faisait pratiquement toujours le meilleur choix (à 95 %), même s'il prenait un certain temps avant de se décider. Ce que Toshi nomme « la contemplation ». J'aime beaucoup ce terme. Il résume bien le comportement observé. Le blob s'agite sur place comme s'il hésitait sur ses options. L'américain adopta la bonne stratégie dans 80 % des cas. Le japonais commit le plus d'erreurs. En réalité, il semblait choisir complètement au hasard, sans prendre le temps de « réfléchir ». Quoi qu'il en soit, il était stupéfiant d'observer des comportements si différents chez des êtres aussi simples, élevés dans des conditions strictement identiques.

Aparté : la recette du scientifique

L A recherche scientifique exige un travail rigou-
reux, exact, éthique et impartial. A fortiori pour
un éthologiste. Le comportement est par essence sub-
jectif, il dépend de celui qui observe. La recette
consiste grosso modo à suivre ce plan d'action :
   – Observer : «Tiens ! C'est marrant ! Les blobs
américains mangent plus que les blobs australiens.»
   – Se poser des questions à partir des observations.
Par exemple : « Existe-t-il des différences comportementales entre les blobs ? »
   – Recueillir des informations. En clair, effectuer
une recherche bibliographique afin de déterminer si
personne n'a remarqué avant vous ce que vous venez
d'observer...
   – Formuler une hypothèse et en déduire des prédictions. Hypothèse : les blobs présentent des différences comportementales. Prédictions : ces différences
doivent pouvoir s'observer dans différents contextes.
   – Tester l'hypothèse et les prédictions au sein d'une
expérience reproductible. Cet élément clé est souvent
le plus critique. 270 chercheurs du monde entier ont
collaboré pour tenter de reproduire 100 études empi-

riques publiées dans les trois meilleures revues de psychologie. Plus de la moitié de ces tentatives ont échoué…

– Analyser les données pour en tirer des conclusions. Bref, produire des stats. Le chercheur doit savoir faire des statistiques afin de prouver que ses résultats ne doivent rien au hasard, même si elles sont parfois utilisées pour orienter les résultats. Un politicien anglais, Benjamin Disraeli, a déclaré : « Il y a trois types de mensonges : les mensonges, les foutus mensonges et les statistiques. » Pour le physicien Ernest Rutherford, « si votre expérience a besoin d'un statisticien, vous avez besoin d'une meilleure expérience ».

– Reproduire l'expérience un grand nombre de fois pour évaluer l'écart entre les observations et la théorie. Ce dernier point est pour moi fondamental. L'expérience sur les personnalités des blobs montre la nécessité de réaliser de nombreuses expériences car la variabilité constitue la règle dans la nature.

C'est un classique dans le domaine de la recherche : une expérience unique ne suffit jamais. Il faut répéter et re-répéter et re-re-répéter. J'ai la réputation dans mon laboratoire d'être un peu outrancière de ce côté-là. Je m'attache à refaire les expériences au moins une cinquantaine de fois pour être confiante dans ce que j'avance. Et, quand une autre équipe de recherche arrive à reproduire mes résultats, je ne crie point au plagiat mais : « Ouf ! Je ne me suis pas trompée ! »

Dans certains domaines, le défaut de répétitions se comprend. Lorsque l'on suit le comportement des gorilles dans la savane, il apparaît difficile de trouver cinquante groupes de gorilles et de les pister pendant des mois. Mais sur le blob, en revanche, on peut réitérer cent fois ses expériences. Alors pourquoi s'en priver ?

La rigueur scientifique consiste aussi à travailler en aveugle, notre jugement et nos attentes pouvant affecter le résultat. J'observe toujours mes blobs sans savoir qui ils sont, sans connaître leur identité. Un collègue me la divulgue une fois l'étude terminée.

Il faut prendre les mêmes précautions lorsqu'on communique ses recherches. Décrire avec précision la méthodologie employée, sans omettre les résultats qui ne vont pas dans le sens de son hypothèse, les données aberrantes susceptibles d'être liées à une erreur de manipulation ou à la variabilité de l'organisme ciblé. Les blobs notamment sont très versatiles, ils peuvent faire tout et n'importe quoi pendant une expérience. Autant ne pas le cacher !

Pearl Harbor, la revanche

TOUTES les expériences de comportement chez le blob avaient consisté à manipuler la qualité, le nombre ou la répartition de sources de nourriture dans l'environnement. Mais personne ne s'était penché sur l'influence possible de la présence de plusieurs blobs dans un même environnement. De mes recherches sur les fourmis, j'avais retenu l'importance de la coopération. Les fourmis sont altruistes et travaillent ensemble pour le bien de la colonie. Existait-il chez le blob un « comportement social », ou tout du moins les prémices d'une vie sociale ? Je posai donc deux blobs dans une même boîte, sur un gel, en présence de deux sources de nourriture identique. En parallèle, j'effectuais l'expérience avec un seul blob dans la boîte. Cela s'appelle une « expérience contrôle ». Si le blob adopte le même comportement seul ou à deux, c'est que la présence d'un congénère ne l'influence aucunement.

Et pourquoi mettre deux sources de nourriture dans la boîte ? Par déformation professionnelle. Offrir deux sources de nourriture identique à un groupe de fourmis relève du grand classique permettant d'illustrer les fameuses décisions collectives. Les fourmis se nourrissent en effet collectivement sur une seule source et ignorent la seconde. L'explication est relativement simple. La première fourmi qui découvre une source de nourriture revient à la colonie en laissant une trace chimique sur le chemin, à la manière du Petit Poucet avec ses cailloux. Les autres fourmis suivront cette piste, en la renforçant et en la rendant si attractive que les suivantes n'iront pas explorer plus loin. Nous l'avons presque tous observé, parfois même dans notre cuisine : le comportement d'une seule fourmi modifie celui de tout un groupe.

J'avais donc cette idée en tête en entamant les expériences avec le blob. Je débutai par l'australien. J'en plaçai deux assez proches l'un de l'autre mais pas trop compte tenu de leur propension à fusionner. Après des centaines d'expériences, le constat s'imposa : si les blobs étaient proches, ils sélectionnaient toujours la même source de nourriture et ignoraient la seconde, à la façon des fourmis. Éloignés l'un de l'autre, cela n'avait aucun effet. Les blobs australiens pouvaient donc interagir mais seulement à courte distance.

Quid des japonais et des américains ? Proches ou pas, zéro interaction. Chacun agissait comme s'il était seul dans la boîte. L'expérience suivante consista donc à confronter des blobs d'origine différente. Lorsqu'un australien se trouvait à proximité d'un américain, ce dernier, invariablement plus rapide, fonçait vers la nourriture bien avant que l'autre n'ait débuté l'exploration de la boîte. Or le blob australien choisissait toujours de se diriger vers la nourriture exploitée par le blob américain. Comme il arrivait trop tard, il ne lui restait plus rien. Il se mettait donc à suivre le blob américain partout. Il adopta le même comportement en présence d'un blob japonais. Mais lorsque je mis en présence un blob américain avec un japonais, l'issue fut nettement moins drôle. À ma grande surprise, une fusion s'amorça. Au début, je crus m'être trompée, avoir confondu les blobs. Mais non. Le nouveau blob issu de la fusion était orange et formait des pseudopodes très fins, un portrait-robot de l'américain. À l'endroit de la fusion, à l'emplacement exact du blob japonais, il ne restait qu'une matière gluante et verdâtre. Il fallait se rendre à l'évidence, le blob américain avait tout bonnement dévoré le japonais. J'ai intitulé cet épisode « Pearl Harbor, la revanche ». Afin d'être absolument sûre, j'ai réitéré plusieurs fois l'expérience. Un blob 100 % américain a toujours réapparu. Conclusion : si le blob australien agit comme un Bisounours, l'américain est cannibale…

Mais nouvelle question : comment les blobs australiens interagiraient-ils entre eux ? C'est toujours comme ça, la recherche. Après avoir répondu à une question, on s'en pose automatiquement une nouvelle. Je mis en suspens la publication des résultats précédents pour aller plus loin et terminer l'histoire. Les blobs n'ont pas d'yeux, ils ne peuvent donc pas se voir et, dépourvus d'oreilles, ils ne peuvent pas s'entendre. Ils devaient donc se sentir. Autrement dit, sécréter des molécules chimiques qui se diffusent dans l'environnement.

Afin de vérifier cette hypothèse, nous avons laissé un blob explorer un gel sans nourriture pendant une journée, puis nous l'avons extrait de cet enfer et avons rincé le gel à l'eau claire. Ce gel était alors proposé à un autre blob à côté d'un gel vierge de toute exploration. Les blobs se sont tous dirigés vers le gel préalablement exploré par un congénère.

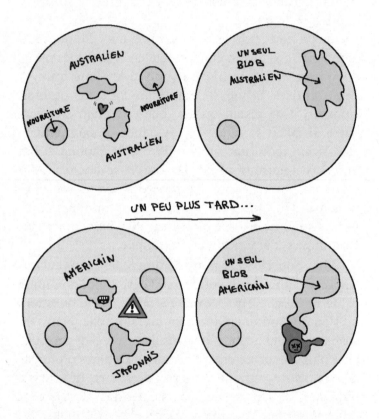

Cette préférence paraissait bien plus marquée chez les australiens que chez les japonais. Les blobs américains, eux, exprimaient seulement une légère préférence. Enfin, tous préféraient les gels sur lesquels avaient infusé des blobs australiens, puis japonais et en tout dernier américains. Bref, les blobs australiens se montraient sensibles aux substances chimiques émises par les autres blobs et semblaient émettre eux-mêmes des substances chimiques plus attractives. L'inverse en tout point des blob américains, à la fois peu attirés et peu attirants. À nouveau, donc, le blob australien apparaissait bien plus social que le blob américain.

Restait à caractériser ces substances chimiques. N'étant pas chimiste, le problème se révélait de taille. Dans ce cas, la première chose à faire est de se référer à la littérature. Je me rappelai soudain avoir lu un article, au tout début de mes recherches sur la nutrition, qui traitait de la défécation chez le blob. Le titre m'avait amusée ! À croire que les chercheurs sont d'éternels adolescents ! L'auteur de l'étude avait remarqué que le blob, tout en se nourrissant, excrétait des vésicules de calcium et il avait désigné ce phéno-mène de défécation. Je consultai tous les articles concernant les molécules attractives chez le blob, le calcium en faisait partie. Pour vérifier, je proposai aux blobs le choix entre un gel contenant du calcium et un gel sans. Bingo ! Ces résultats pointaient le calcium comme la mystérieuse substance attractive sécrétée par les blobs. Mais il fallait d'abord démontrer que le blob se déplaçant sur un gel répand du calcium sur son passage. Je confiai cette tâche à David, un étu-diant de doctorat que je venais de recruter.

Aparté : chercheurs en herbe

T ROIS missions principales sont dévolues au chercheur : faire de la recherche, communiquer et former de nouveaux chercheurs. En débutant dans le métier, on encadre de jeunes étudiants de licence puis, avec l'expérience, des étudiants de master et de doctorat, et, si on a beaucoup d'argent, des post-doctorants, sorte de chercheurs juniors. J'avoue que l'encadrement d'étudiant s'est révélé pénible au départ. Prendre un étudiant, cela signifie que l'on passe la main, que l'on abandonne un petit peu le travail expérimental et qu'il faut donc laisser à d'autres le plaisir de tester ses hypothèses. Cela me pose aussi deux problèmes antagonistes. Un, j'ai du mal à refuser un stagiaire surtout lorsqu'il me regarde avec des yeux de Bambi apeuré. Deux, une fois l'étudiant dans le laboratoire, j'éprouve une grande difficulté à lui faire confiance. Comment être sûre qu'il a réalisé l'expérience dans les règles de l'art, suivi scrupuleusement le protocole ? Utilisé les bons blobs ? Au début, je vérifiais tous les résultats, refaisant moi-même les expériences. Avant de me rendre à l'évidence : il n'y a pas plus inefficace comme stratégie. J'ai donc appris à faire confiance. Mais je ne sais toujours pas dire non, même si les résultats scolaires font parfois planer le doute dès le départ. Cela permet parfois de belles rencontres. J'ai compris aussi que des CV exceptionnels ne font pas forcément les bons chercheurs. Un excellent élève a par exemple mélangé tous les blobs. J'ai dû les examiner un par un pour les reclasser puis, rongée par le doute, j'ai appelé des collègues à travers le monde afin de me procurer de nouveaux blobs. Je dois avouer que, cette fois, j'ai vécu le départ de l'étudiant comme une bénédiction.

Contrairement à l'enseignant-chercheur qui, comme son nom l'indique, partage son activité entre la recherche et l'enseignement, un chercheur au CNRS n'est pas tenu d'enseigner. Il lui est donc difficile de se faire connaître auprès des étudiants. Chaque année, je propose des sujets de stage, m'efforçant de leur donner les titres les plus attractifs possible. Là encore, la singularité du blob complique la chose. Lorsque je publie une offre de stage sur les fourmis, je reçois quantité de candidatures. En revanche, quand il s'agit de *Physarum polycephalum* (je ne peux décemment l'appeler « blob » dans un sujet de stage), c'est le néant. Il me faut donc ruser. Je propose des sujets sur les fourmis et, une fois le rendez-vous pris, j'entreprends l'étudiant sur le blob. Dans 99 % des cas, le premier n'a jamais entendu parler du second. Mais, finalement, la vie et l'œuvre du blob passionnent en moyenne deux étudiants sur trois. Ceux-là n'éprouvent aucun regret à abandonner les fourmis. Le tiers restant, intellectuellement trop bousculé, campe sur ses positions, plus familières et rassurantes.

Il arrive aussi que des étudiants viennent me voir spontanément pour travailler sur le blob. À l'instar de David en 2011. Il suivait un stage sur les fourmis avec l'un de mes collègues quand, curieux de nature, il a commencé à s'intéresser à ce qui se passait dans le labo d'à côté, c'est-à-dire le mien. Il s'est rapidement pris de passion pour le blob et a décidé d'y consacrer son stage de deuxième année. À l'époque, je préparais mon départ en Suède, je l'ai donc emmené avec moi, en plus des blobs. Il a réussi son master de neurosciences avec brio en dépit des inquiétudes de l'équipe pédagogique à l'annonce de son sujet. Un master de neurosciences sur un organisme sans cerveau ni rien qui s'en rapproche ! Lors de sa soutenance, David a conquis le jury. Il faut préciser que nous avions développé dans cet objectif une technique bien à nous : nous montrions la vidéo d'un blob engouffrant goulûment un énorme champignon. Succès garanti. Classé premier à l'issue du master, David avait la possibilité de poursuivre en doctorat et le choix du sujet s'est naturellement imposé. Il a voulu continuer avec le blob.

L'encadrement d'un doctorat constitue une lourde responsabilité. On dispose de moins de trois ans pour former un chercheur. La personne doit faire preuve de motivation et d'abnégation et, soyons honnête, être agréable car trois ans c'est long ! Il ne faut pas se tromper. Je ne doutais pas de David qui avait supporté six mois de travail intense en Suède avec le sourire. Je me suis lancée dans l'aventure en y associant mon ancien directeur de doctorat, Jean-Louis Deneubourg. Dans le milieu scientifique, Jean-Louis est la personne qui compte le plus à mes yeux. Je le considère comme un génie – il a su transcender les frontières entre la chimie et la biologie –, un mentor et une intarissable source d'inspiration. Tout scientifique devrait être comme lui : généreux, bienveillant, brillant et modeste. En science, on a tous un héros, quelqu'un qui nous inspire et nous guide. Je voulais que David bénéficie à son tour de cette aide inestimable. Notre belle aventure s'achève cette année avec la soutenance de thèse de David. La première thèse de comportement animal entièrement consacrée à un organisme non animal : le blob !

C'est le calcium qu'ils préfèrent

EN compagnie de David, j'ai donc repris mes recherches sur la communication chez le blob. Afin de prouver que le blob déposait du calcium dans le gel, il nous fallait le doser chimiquement. Or tout dosage chimique de calcium s'opère dans un milieu liquide. Il est possible de liquéfier le gel si on le fait chauffer à 70 degrés mais impossible de le doser à cette température sans faire exploser le laboratoire. Si on diminuait la température, le gel se solidifiait à nouveau et, si on l'augmentait, la réaction chimique devenait instable. Un problème de taille ! À force de chercher, la meilleure méthode a consisté à faire sécher le gel et, une fois sec, de le transformer en poudre à l'aide d'un broyeur pour enfin le mettre en solution. J'avais acheté un broyeur pour mes expériences sur les fourmis (pas pour broyer les fourmis, je vous rassure !). Un appareil équipé de bols en acier à l'intérieur desquels on dépose l'échantillon à broyer avec des billes en acier. L'appareil secoue les bols de droite à gauche, soixante fois par seconde. Après une heure de broyage, fiasco total, nous n'avions obtenu que des bouts de plastique de la taille de confettis, bien loin d'une poudre. Des collègues écologistes nous ont alors conseillé de brûler le gel dans « un four à moufles ». Je n'en avais jamais entendu parler. La température monte à 3 000 degrés, autant dire qu'on peut tout y brûler. J'ai compris pourquoi on appelait cette machine infernale « four à moufles » lorsque j'ai découvert les gants livrés avec, tout simplement immenses. Mais un four à moufles ne court pas les rues... Le temps de passer commande et de l'obtenir, nous avions déjà trouvé la solution à notre problème. Dans la recherche, il faut aller vite. La compétition est féroce et un étudiant doit absolument publier au moins un article au cours de sa thèse. Pris par le temps, nous avons décidé d'appréhender le problème à l'envers : plutôt que d'adapter le gel au protocole, pourquoi ne pas faire l'inverse ? Nous avons donc inventé un nouveau protocole de dosage du calcium pour les gels. Un dosage spécial blob ! Je vous épargne les détails barbares de ce protocole, mais ce fut un succès total. Nous avons réussi à prouver que tous nos blobs sécrétaient du calcium, l'australien en tête.

Mais il fallait, pour faire disparaître le moindre doute, éliminer le calcium en gardant les autres substances émises et découvrir si le blob trouvait toujours aussi attractif le gel exploré par un autre blob. Nouveau détour par la littérature pour déterminer comment bloquer exclusivement du calcium prisonnier d'un gel. Nous sommes ainsi tombés sur l'acide éthylène diamine tétraacétique, ou plus familièrement EDTA. Nous avons alors proposé aux blobs un gel exploré par un autre blob traité à l'EDTA et un gel inexploré. Ils n'ont montré aucune préférence. Eurêka ! Nous venions d'identifier le signal qui permettait aux blobs de se percevoir les uns les autres. Certes, ce n'était pas la découverte du langage des abeilles et cela ne nous vaudrait pas le prix Nobel comme à Karl von Frisch, mais nous avions une histoire complète. Dans la même publication[1], nous avons donc démontré l'existence de personnalités chez les blobs – sociaux et asociaux –, mis en évidence pour la première fois une forme de communication et identifié le signal utilisé. Personnellement, je suis très fière de cette publication, fruit de trois ans de travail. Ces découvertes, anecdotiques en apparence, ouvrent d'excitantes perspectives. Elles mettent en évidence la notion d'« individu » chez un être extrêmement simple, une cellule unique, et les prémices d'une vie sociale chez des individus en apparence plus proches des champignons que des animaux.

1. Vogel, D., Nicolis, S.C., Perez-Escudero, A., Nanjundiah, V., Sumpter, D.J. & Dussutour, A. (2015), « Phenotypic variability in unicellular organisms : from calcium signalling to social behaviour », *Proceedings of the Royal Society London* B. 282, 2015-2322.

Les mystères du mucus

ENCORE une chose étrange : lorsque le blob se déplace, il laisse sur son passage une sorte de mucus comme un escargot. Il s'agit d'un gel qui protège le blob contre la dessiccation. Sa fonction avait été décrite brièvement dans la littérature consacrée aux blobs, mais personne n'était allé plus loin. Or, en observant le blob, j'ai remarqué qu'il ne passait jamais deux fois au même endroit comme s'il évitait son propre mucus. Le mucus pouvait-il servir à autre chose qu'à le protéger contre le dessèchement ? Pour être honnête, il est facile quand on cherche de se disperser. Un peu comme lorsqu'on vérifie sur Wikipédia une formule mathématique et qu'on se retrouve deux heures plus tard en train de lire un article sur la mythologie scandinave. Se disperser peut cependant se révéler fertile et permettre de surprenantes découvertes. En l'occurrence, ce fut le cas.

« L'évitement du mucus » est un projet que j'ai réalisé avec un jeune chercheur, Christopher Reid, rencontré avant de revenir d'Australie. Je l'ai retrouvé en Suède. Il débutait ses recherches sur le blob et avait fait la même observation que moi concernant le mucus. C'est donc tout naturellement que nous nous sommes proposés de travailler ensemble sur ce mystère. Nous avons décidé de travailler avec le blob australien, le plus fiable. Il se montre moins capricieux que le blob américain et attrape moins d'infections.

Le but de notre première expérience tendait à prouver que le mucus était répulsif. Nous avons donc proposé deux gels à plusieurs blobs, le premier couvert de mucus et le second vierge. Tous les blobs ont préféré explorer le gel sans mucus ! Le test s'est vérifié quel que soit le mucus proposé : le sien, celui de sa propre espèce, celui d'une autre... Chaque fois, le blob optait pour le gel vierge. Quand il n'a eu le choix qu'entre un gel couvert de son mucus et un gel couvert du mucus du blob japonais ou américain, il n'a pas bougé pendant de longues heures et, finalement affamé, a choisi un gel au hasard. Il préférait même le mucus d'une autre espèce de blob que le sien.

La seconde expérience consistait à vérifier si le mucus lui servait de mémoire spatiale. En robotique, il existe un problème connu : l'évitement d'obstacle. Comment un robot qui veut se rendre d'un point A à un point B peut-il éviter un obstacle entre les deux ? Un exemple fameux est le piège en U. Nous avons donc imaginé un piège en U pour les blobs. Dans une boîte, le blob se trouvait placé à 5 centimètres d'une source de nourriture qu'il pouvait percevoir. Entre les deux, un obstacle en forme de U, impossible à détecter puisque le blob n'a pas d'yeux ! Comme si on vous enfermait dans un gymnase plongé dans l'obscurité et que vous deviez trouver un gâteau très odorant, mais que sur votre chemin se dressait un mur que vous ne pouviez voir. Dès que vous tentez de contourner le mur, vous perdez l'odeur du gâteau.

Certains blobs évoluaient dans un environnement couvert préalablement de mucus, alors que d'autres étaient placés dans une boîte vierge. Tous les blobs se sont dirigés droit vers la nourriture et sont tombés dans le piège en U. Découverte étonnante cependant : ceux qui évoluaient dans un environnement sans mucus sont parvenus à sortir du piège et à trouver la nourriture aisément – alors que les autres cherchaient toujours cent vingt heures après… Le mucus permet donc au blob de circuler en évitant d'explorer plusieurs fois la même zone et de trouver une source de nourriture même s'il ne peut la percevoir. Imaginez-vous à nouveau dans le gymnase obscur à la recherche d'une petite balle que vous ne voyez pas. Combien de temps avant de devenir fou ? Le blob a encore une fois une solution, là où de nombreux robots échouent par manque de mémoire. Qui n'a jamais trouvé son robot aspirateur bloqué dans un coin sans penser que, si la machine se souvenait avoir déjà passé beaucoup de temps à cet endroit, elle pourrait s'en sortir seule ?

Mais le mucus était aussi un piège. Le blob pouvait tourner en rond et s'encercler lui-même de mucus répulsif. Combien de temps ? Plus de six heures dans un environnement vierge. Quatre heures si on déposait des flocons d'avoine de l'autre côté du mucus. En revanche, si l'on introduisait un flan au jaune d'œuf, le blob franchissait sans problème le mucus pour l'atteindre. Que ne ferait-on pas pour son dessert favori !

Cette collaboration avec Chris s'est révélée fructueuse puisqu'elle a débouché sur deux publications[1].

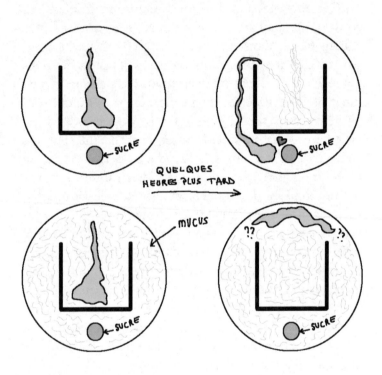

1. REID, C.R., LATTY, T., DUSSUTOUR, A. & BEEKMAN, M. (2012), « Slime mold uses an externalized spatial " memory " to navigate in complex environments », *Proceedings of the National Academy of Sciences*, 109 (43), 17490-17494. – REID, C.R., BEEKMAN, M., LATTY, T. & DUSSUTOUR, A. (2013), « Amoeboid organism uses extracellular secretions to make smart foraging decisions », *Behavioral Ecology*, 24 (4), 812-818.

Petit « coup de gueule »

L A recherche s'effectue au niveau international, il est donc primordial de collaborer au-delà des frontières. Même si cela peut jouer des tours... J'ai personnellement une fâcheuse tendance à raconter autour de moi tout ce que je découvre et, malgré les déconvenues, je demeure une incorrigible bavarde. Ma collaboration avec Chris prouve que communiquer avec ses collègues est parfois une excellente idée, mais ce n'est malheureusement pas toujours le cas. Les chercheurs sont en concurrence pour les financements, pour les publications, pour les récompenses. Mettre ses ambitions personnelles de côté se révèle parfois difficile. Les opportunistes existent aussi dans la recherche. L'essentiel est de savoir les repérer. Ils vous complimentent en public pour mieux vous critiquer dès que vous avez le dos tourné. C'est l'un des visages de la science actuelle, qui ne doit rien au hasard. L'omniprésence des palmarès en tout genre, simplistes ou inutiles, comme le classement de Shanghai ou l'indice H, a généré une compétition outrancière.

La pression sur les chercheurs est devenue si forte qu'elle pousse certains à ne s'embarrasser d'aucun scrupule. Tous les moyens sont bons pour parvenir au sommet en gonflant son indice H. Les plus atteints sont même capables du pire : falsifier des données. Il n'y a jamais eu autant de fraudes en science que depuis ces vingt dernières années. La publication dans des revues à facteur d'impact élevé comme *Nature* offre les meilleures chances de trouver un bon poste, d'obtenir des contrats de recherche et d'être reconnu par ses pairs, voire de décrocher une récompense. Par conséquent, la fraude scientifique est plus fréquente dans les journaux à impact plus élevé[1]. Les chercheurs courent après le succès mais veulent aussi une stabilité. Un poste permanent à l'Université ou dans un grand organisme de recherche comme le CNRS constitue presque une exception française. Dans la plupart des pays, la majorité des chercheurs sont en CDD. S'ils ne publient pas assez dans les meilleures revues, ils disparaissent. Une aberration car la recherche ne peut se concevoir sur du court terme.

Mais il n'y a pas que des chercheurs dans les laboratoires… Ils ne peuvent fonctionner sans leur STAR, acronyme de soutien technique à la recherche ! Sauf que le CNRS, comme l'Université, n'a plus les moyens d'en embaucher. Il reste deux solutions : la première, si on a des contrats, consiste à les payer soi-même avec de petits CDD, au risque de les précariser et de perdre du temps en formant des techniciens différents tous les ans. La seconde, à faire leur travail, c'est-à-dire

1. Fang, F.C., Steen, R.G. & Casadevall, A. (2012), « Misconduct accounts for the majority of retracted scientific publications », *Proceedings of the National Academy of Sciences*, 109 (42), 17028-17033.

s'improviser comptable, secrétaire, informaticien...
au détriment du temps dédié à la recherche !

La France ne se trouve pas la mieux classée en
termes d'investissement financier consacré à la
recherche, mais sa production scientifique est l'une
des meilleures au monde. L'explication tient certainement pour partie à la stabilité et à l'accumulation de
compétences permises par ce fonctionnariat décrié
par nos politiques. Ce système favorise en effet l'émergence de grandes découvertes, évitant l'écueil d'une
recherche au rabais, faite à la va-vite, sans lendemain,
à la remorque des caprices de gouvernements succes-
sifs. Le dernier prix Nobel de chimie attribué à Jean-
Pierre Sauvage constitue un excellent exemple des
bienfaits de cette stabilité. Jean-Pierre Sauvage a
effectué toute sa carrière au CNRS au sein du même
laboratoire, consacrant l'ensemble de ses travaux à la
recherche fondamentale. Une trajectoire à l'antipode
de celle préconisée par les responsables politiques
internationaux qui ne connaissent rien au monde de
la science. Bien sûr, nous avons nos brebis galeuses,
comme partout, mais faut-il pour autant sacrifier l'ensemble du troupeau qui permet l'avancée de chacun
au sein de l'avancée collective ? Comment une pyra-
mide pourrait-elle avoir un sommet si elle n'a pas de
base ? Les chercheurs, dans leur immense majorité,
ont la passion du métier, au prix de sacrifices person-
nels. Mais cette passion s'essouffle. Je le ressens au
quotidien. Les doctorants et post-doctorants sont
démotivés, la recherche ne fait plus rêver.

Le professeur Mariana Mazzucato de l'Université du Sussex en Angleterre pointe le rôle de l'État dans la promotion de l'innovation à long terme[1]. Elle démontre que le secteur privé ne trouve jamais le courage d'investir dans un secteur si l'État n'a pas auparavant réalisé les premiers investissements, les plus à risques. Elle révèle par exemple que toutes les technologies qui rendent l'iPhone si « smart » (Internet, GPS, écran tactile et même Siri) ont d'abord été développées grâce à des fonds publics. De même, la recherche à l'origine du puissant algorithme de Google a d'abord été financée par une subvention de la National Science Foundation, l'équivalent américain de notre Agence nationale de la recherche (en plus riche, plus équitable et plus dotée). Aux États-Unis toujours, les instituts nationaux de santé, avec un budget annuel de plus de 30 milliards de dollars, subventionnent des études conduisant souvent à la découverte de médicaments révolutionnaires, même si ceux-ci sont ensuite commercialisés par les grosses sociétés pharmaceutiques – qui sont au final les plus grandes bénéficiaires des financements de l'État.

C'est pourquoi les chercheurs critiquent le CIR, le crédit impôt recherche. Créé en 1983 pour inciter les entreprises à développer leur secteur recherche et développement (R & D), il leur permet de déduire de leurs impôts les dépenses consacrées à la recherche. Une bonne chose a priori. Cependant, comme l'a récemment révélé la Cour des comptes, alors que le

---

1. MAZZUCATO, M. (2015), *The entrepreneurial state : Debunking public vs. private sector myth*s, Anthem Press, 2015.

montant du CIR a été multiplié par plus de trois depuis 2008, de 1,8 à 5,8 milliards d'euros par an, les entreprises n'ont pas dépensé davantage en R & D, et l'emploi de chercheurs dans le privé a même baissé de 11 %. Où est passé l'argent ? Sanofi, qui a obtenu 130 millions d'euros de CIR par an, a, dans le même temps, amputé ses effectifs de laboratoire de 2 000 ingénieurs, chercheurs et techniciens. Sanofi affronterait-elle des difficultés économiques qui l'obligent à cela ? Au contraire ! Entre 2008 et 2016, cette « big pharma » a versé près de 30 milliards d'euros de dividendes à ses actionnaires. Et, au passage, déménagé sa comptabilité en Belgique. On ne se demandera pas pourquoi. Le conseil scientifique du CNRS a également dénoncé le CIR, constatant que l'enveloppe budgétaire grossissait considérablement « sans effet d'entraînement observable sur la recherche ». En 2014, 660 directeurs de laboratoire au CNRS, à l'INSERM, l'INRA... ont pris la plume. Dans une lettre intitulée « Urgence pour l'emploi scientifique[1] » adressée au président de la République, ils ont réclamé une « réforme » du CIR afin, écrivaient-ils, « d'éviter les nombreux détournements et l'optimisation fiscale dont il fait l'objet ». Cette année-là, avec un CIR autour de 6 milliards d'euros et un nombre d'entreprises bénéficiaires passé de 9 200 à 20 000, nous avons, nous chercheurs du public, assisté impuissants à la chute des crédits pour nos laboratoires et à la pré-

1. MAILLARD, P., « 660 directeurs de laboratoires s'adressent à François Hollande [archive] », blog Mediapart, 14 octobre 2014.

carisation de notre profession. Avouez qu'il y a de quoi pleurer. Triste CIR !

Bon ! Nous devons aussi quitter notre tour d'ivoire pour expliquer au grand public en quoi notre travail, qui lui paraît parfois déconnecté, est source d'innovation. Par exemple, des études récentes ont appliqué les processus de prise de décision des blobs à des systèmes de calculs hybrides les intégrant dans des puces d'ordinateur ! Non, ce n'est pas de la science-fiction, mais un projet intitulé « PhyChip » dirigé par une équipe anglaise financée par l'Europe à hauteur de 2,5 millions d'euros, qui a débuté en 2013 ! L'objectif est d'utiliser la faculté du blob à former des réseaux afin de faciliter certains calculs informatiques. Tout cela *en live*[1] !

---

1. Données issues de «Young, talented and fed-up : scientists tell their stories. Kendall Powell », *Nature News*, Nature Publishing Group (26 octobre 2016).

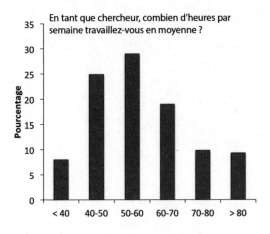

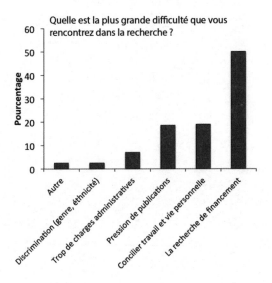

Apprendre… sans cerveau

L E blob disposait donc d'une sorte de mémoire externalisée, grâce au mucus. Qui dit mémoire dit apprentissage. Une question me tarabustait : le blob pouvait-il apprendre ? En d'autres termes, un être réduit à une cellule unique, n'ayant ni cerveau, ni neurones, pouvait-il tirer des leçons de ses expériences et adapter son comportement en conséquence ? Ouvrant ainsi de nouvelles portes sur les mécanismes de compréhension de l'intelligence.

Je travaillais au Centre de recherches sur la cognition animale, un laboratoire presque entièrement dédié au processus d'apprentissage et de mémoire chez les insectes et les rongeurs. Il était tout naturel que je m'intéresse à cette question chez le blob. La première fois, ce fut à mon retour en France. Au détour d'une conversation et plutôt par amusement, mon collègue Raphaël me demanda :

– Tu crois qu'elle pourrait apprendre quelque chose, ta bestiole ?

Le lendemain, Raphaël et moi réfléchissions au moyen de tester cette hypothèse farfelue. Nous avons décidé de nous inspirer de ce qui se faisait au labo chez les insectes. Le test d'apprentissage classique consiste à apprendre à un insecte qu'une odeur A est associée à une nourriture. Cela s'appelle un conditionnement pavlovien.

Ivan Pavlov avait obtenu le prix Nobel pour ses travaux sur l'apprentissage en 1904. Dans son expérience la plus célèbre, ce physiologiste avait démontré que les chiens pouvaient apprendre à associer le son d'une cloche avec l'arrivée imminente d'une nourriture. Le chien salivait au son de la cloche. Le plus intéressant était que Pavlov avait fait cette découverte par hasard. En effet, il étudiait à ce moment-là la composition de la salive en fonction de la nourriture. Or il avait remarqué que chaque fois qu'il venait chercher un toutou au chenil pour l'expérience, celui-ci salivait à la seule vue de sa blouse. Le chien avait associé la présence du chercheur à la nourriture qui suivrait. Ivan Pavlov avait alors délaissé ses recherches sur la digestion pour se consacrer entièrement aux processus d'apprentissage. Les grandes découvertes se font souvent au détour de chemins tortueux. Sérendipité.

Le blob pouvait-il associer une nourriture à une odeur ? Et comment le vérifier ? Avant tout, il fallait savoir s'il pouvait discriminer des odeurs. Dans notre enthousiasme, nous avons d'abord testé les odeurs de fleurs, utilisées pour les abeilles, sans se poser la question de leur intérêt pour un blob... À notre grande surprise, les blob se montrèrent capables de les discriminer, avec des préférences marquées pour certaines. La semaine suivante, nous avons renouvelé l'expérience pour la vérifier, et là, les blobs ne montrèrent plus aucune préférence ! À la troisième tentative, les blobs exprimèrent à nouveau des préférences mais cette fois pour des odeurs différentes. Bref, ils se montraient très capricieux. Nous avons donc décidé de les nourrir exclusivement avec des flocons d'avoine parfumés à l'octanone, une odeur fruitée. Au bout de deux semaines, nous leur avons proposé deux gels, l'un parfumé à l'octanone et l'autre inodore. Les blobs choisirent au hasard. Ils ne semblaient pas du tout avoir associé l'octanone à la nourriture. Cette expérience était donc un échec. Comme on ne peut se permettre aujourd'hui de passer trop de temps sur des projets aventureux, nous avons décidé d'abandonner.

Mais je n'avais pas entièrement déposé les armes. L'échec de cette expérience ne voulait pas forcément dire que le blob était incapable d'apprendre. Les odeurs testées n'avaient peut-être juste aucune importance pour lui. Il fallait commencer par un apprentissage plus rudimentaire. J'avais de vagues souvenirs de mon master de neurosciences où l'on m'avait appris que le plus simple des apprentissages est « l'habituation ». Un mot barbare mais facile à comprendre. Prenez un chat, touchez-lui gentiment la patte, il la retirera. Réitérez l'opération encore et encore, il finira par ne plus le faire. Si vous stimulez la patte autrement, avec de l'eau par exemple, il la retirera à nouveau, car il s'est juste « habitué » à ce que vous lui touchiez la patte. C'est ça « l'habituation ». Laissez-le tranquille un moment et touchez-lui à nouveau la patte : il la retirera automatiquement ; c'est ce que l'on appelle alors « la récupération ».

L'habituation a été démontrée chez de nombreux animaux, de l'homme au nématode, un ver microscopique vivant dans le sol. Par exemple, lorsqu'on entre dans une pièce où plane une odeur nauséabonde, après quelques dizaines de minutes, on finit par s'habituer à la puanteur. Mais si on sort de la pièce, au retour l'odeur nous retourne à nouveau l'estomac. En résumé, les animaux, nous au premier chef, s'habituent et cessent de réagir à une stimulation si celle-ci n'apporte aucun réel désagrément. Les mécanismes cérébraux à l'origine de l'habituation ont été découverts sur une limace de mer de 35 centimètres et 2,5 kilogrammes par le chercheur en neurosciences Eric Kandel, qui a reçu pour cela le prix Nobel de médecine en 2000. Les travaux de Kandel ont mis au jour les secrets des neurones renfermant la mémoire et ont inspiré de nombreux neuroscientifiques. Il est encourageant de penser que l'on peut avoir un prix Nobel en travaillant sur une limace, aussi grosse soit-elle !

Je décidai donc de démontrer l'habituation chez le blob. J'étais optimiste : ce n'était pas trop lui demander, il savait déjà faire tellement de choses extraordinaires. Il me fallait juste me mettre à sa place. Comme on l'a vu, le blob bougeait dans le seul but de manger. Il n'appréciait les substances ni salées ni amères. Je suis partie de là et ai imaginé un dispositif où le blob devait traverser un pont afin de rejoindre une source de nourriture. Ce pont se trouvait soit vierge de toute substance, soit recouvert d'un répulsif. Mon but : observer si le blob s'habituait à la substance repoussoir au fil des jours. À certaines concentrations, tous les blobs prenaient la poudre d'escampette pour se cacher dans un coin. Il fallut donc une longue période d'ajustement qui s'avéra gratifiante. Dans la recherche, l'obstination est une grande qualité. Une fois le protocole en place, je déléguai l'expérience à un étudiant de confiance, car ce n'était pas une tâche facile. L'expérience complète devait durer dix jours entiers et se répéter plusieurs fois. Romain Boisseau fit des merveilles. L'étude se déroula ainsi : les blobs malchanceux durent, pendant six jours, traverser un pont imprégné d'un répulsif pour avoir accès à de la nourriture. Un vrai parcours du combattant ! Nous avions opté pour la quinine et la caféine, deux substances amères mais inoffensives. Un peu comme si vous deviez manger une salade de cœurs d'endives sans sel cuits au micro-ondes avant d'avoir droit au dessert. Les blobs chanceux, quant à eux, traversaient un pont vierge, comme si vous deviez seulement boire un verre d'eau pour qu'on vous apporte le dessert. Le premier jour, les malchanceux mirent des heures à traverser le pont, minimisant au maximum leur surface de contact, comme s'ils marchaient sur la pointe des pseudopodes. Tandis que les chanceux traversaient le pont à toute vitesse pour se ruer sur la nourriture. Mais plus les jours avançaient, moins les blobs malchanceux manifestaient de l'aversion, si bien qu'au bout de six jours on ne pouvait plus faire la différence entre les deux catégories. Le régime d'endives répulsives passait aussi bien que le verre d'eau ! Les blobs avaient appris à ignorer la quinine et la caféine. Cela ne devait rien à une quelconque fatigue, car les blobs habitués à la quinine éprouvaient toujours une vive aversion pour la caféine, vice et versa. Tous les blobs furent ensuite mis au repos pendant quelques jours. Le dixième jour, rebelote, les malchanceux furent à nouveau soumis au supplice afin de vérifier s'ils avaient tout oublié ou non. Ils avaient bien oublié et revivaient la traversée du pont avec la même aversion que lors de leur première rencontre avec le répulsif. La recherche s'avère parfois sadique...

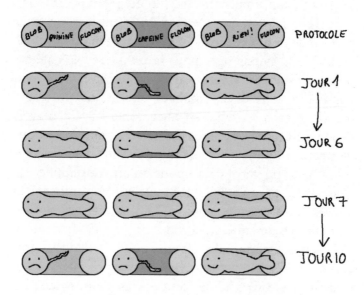

Tout bonnement incroyable. Après tout, le blob n'a pas de cerveau. Pas même un neurone. Il n'est qu'une cellule, géante il est vrai, mais quand même. Comment une simple cellule pouvait-elle apprendre à ignorer un répulsif ? Le blob apportait la preuve que les capacités d'apprentissage ne sont pas réservées aux animaux, et qu'elles ont émergé il y a des centaines de millions d'années.

Il nous fallait publier fissa ce résultat car nous étions les premiers à démontrer de façon très rigoureuse l'apprentissage chez les unicellulaires. Nous avons donc envoyé notre article à *Nature* qui l'a refusé en moins de vingt-quatre heures. Je n'étais pas surprise. Notre expérience ne révélait pas *comment* le blob apprenait, ce qui limitait sa portée. Il nous fallait choisir : soit nous lancer dans de nouvelles expériences et prendre le risque de perdre la primauté de la découverte, soit publier dans un journal un peu moins prestigieux. Un choix cornélien très souvent rencontré par les chercheurs. Nous avons penché pour la seconde option. Nos résultats sont parus dans *Proceedings of the Royal Society London B*[1], une revue très respectée dans le monde de la biologie.

Rien ne nous avait préparés à l'avalanche médiatique qui s'ensuivit. Une centaine de journaux français et étrangers nous contactèrent. Par un concours de circonstances, l'article fut publié alors que j'étais en vacances aux îles Galápagos. Tous les ans, je prends deux semaines de vacances en avril pour être tranquille ! Cette année-là, je passais mes congés à échanger des textos avec les journalistes ! Mais je ne me plains pas, voir sa recherche diffusée auprès du grand public est une chance. J'ai même reçu une lettre du maire de Toulouse qui félicitait mon équipe de mettre ainsi sa ville à l'honneur !

---

1. BOISSEAU, R.P., VOGEL, D. & DUSSUTOUR, A. (2016), « Habituation in non-neural organisms : evidence from slime moulds », *Proceedings of the Royal Society London* B. 283, 2016-0446.

Vous avez dit « vulgariser » ?

L A recherche nécessite de communiquer. À ses pairs bien sûr, mais aussi au grand public. Même si cela se révèle parfois effrayant !

Ma première conférence, je m'en souviens encore, s'est tenue en 2002 à la Société française de comportement animal à Strasbourg. Je me trouvais alors en deuxième année de doctorat et travaillais sur les décisions collectives chez les fourmis. J'eus d'abord le plaisir de retrouver tous mes collègues éparpillés à travers la France pour faire leur doctorat. Et je pus écouter de grands orateurs débattre sur l'intelligence collective. Ma conférence étant prévue le dernier jour, j'eus le temps de voir défiler tous mes camarades, ce qui fit monter mon stress... À ma plus grande surprise, j'emportai le prix de la meilleure conférence attribué aux chercheurs en herbe. Le trophée, un bout de bois rongé par un castor, me valut le sympathique surnom de « castor junior » pendant les mois qui suivirent.

Ma deuxième conférence, en 2003, fut aussi catastrophique que ma première avait été un succès. L'auditoire étant international, il fallait s'exprimer en anglais. Or, à cette époque, mon niveau en anglais correspondait à la classe de terminale, moins sept ans passés sans pratiquer. Sur les conseils de mon directeur de thèse, j'écrivis entièrement la conférence et l'appris par cœur. Je donnais ma conférence comme un robot. Drame au moment des questions : je ne comprenais rien. Mon directeur de thèse me les traduisait tel un souffleur au théâtre. Sauf que j'étais incapable de répondre en anglais. Un fiasco. Heureusement, la salle était quasiment vide, peu de gens se déplacent pour des chercheurs débutants, c'est-à-dire inconnus.

J'ai chassé, depuis, ce mauvais souvenir. Aujourd'hui, les conférences sont surtout l'occasion de retrouver des collègues disséminés dans le monde et de faire des rencontres décisives. Comme dans le showbiz, nous avons nos propres stars, dont on jubile de découvrir le nom sur le programme. La cyber-communication offre une caisse de résonance à cet exercice. Des commentaires du type : « Le professeur X a tweeté sur ma conférence » ou « J'ai liké la conférence du professeur X » font irruption dans les conversations. Les conférences permettent aussi de voir qui travaille sur quoi et de découvrir qu'une équipe planche sur le projet pour lequel vous venez de demander un financement. Bref, les conférences constituent un bon moyen de savoir ce qui se trame dans sa discipline.

Certains de ces raouts scientifiques sont généralistes, comme la Conférence internationale de neurosciences regroupant plus de 35 000 chercheurs, ou les conférences internationales sur les insectes sociaux qui attirent 800 personnes. Il existe aussi des « workshops » (ateliers), une vingtaine de scientifiques planchent sur une question précise, comme le « Physarum workshop » pour parler du blob ! Les workshops ont l'avantage de créer une certaine proximité car il est fréquent que l'on dorme, déjeune et travaille dans le même hôtel. Lors de mon premier workshop en 2003 sur l'île Berder, dans le Morbihan, j'étais avec John Stewart, un célèbre biologiste, et Pierre-Henri Gouyon, l'un des plus grands spécialistes français des sciences de l'évolution. Discuter avec de tels scientifiques devant son bol de Chocapics est bien plus facile que dans une salle de conférences !

Le chercheur doit aussi toucher le grand public. Autant être honnête tout de suite, les instances d'évaluation ne considèrent pas cette mission comme prioritaire. Elles préférèrent se pencher sur le nombre de publications et de contrats que vous avez obtenus, la vulgarisation n'étant pas valorisée. Selon le *Larousse*, la vulgarisation consiste à mettre à la portée du plus grand nombre des connaissances techniques et scientifiques. C'est une belle définition mais le mot lui-même sonne « vulgaire ». Les chercheurs ont parfois l'impression que rendre la science accessible la désacralise. Certains collègues m'ont reproché de trop simplifier les choses lors de conférences destinées au grand public ou d'émissions de télé. Pourtant, simplifier n'est pas mentir ou déformer la réalité. C'est rendre accessible l'information scientifique. Simplifier ne rend pas moins intelligent, au contraire…

Cependant, j'ai de la chance : la direction de mon laboratoire encourage la communication. J'ai donc commencé au sein d'écoles primaires avec mon collègue Gérard. Nous déposons des colonies de fourmis dans les écoles et, trois semaines plus tard, nous venons y animer des ateliers. Les enfants posent les questions les plus fascinantes et il m'arrive souvent de sécher. Nous avons bien sûr droit aux interrogations destinées à égayer la galerie, du style : « Est-ce que les fourmis pètent ? »… Certains, plus pragmatiques, demandent : « Est-ce que les fourmis dorment ? » D'autres philosophent : « Est-ce que les fourmis savent qu'elles sont des fourmis ? » On a aussi les militants en herbe : « Ça ne les gêne pas, les fourmis qui travaillent, que d'autres ne fassent rien de la journée ? » Et puis, évidemment, arrive LA question qui tue : « Il est où, le roi des fourmis ? » Chez les fourmis, justement, les mâles ne prennent pas leur part de travail, ils ne vivent que pour s'accoupler. Ils s'accouplent et meurent. Point barre.

Avec l'association Science Animation, nous avons réalisé des conférences, écrit et joué des contes musicaux, réalisé des courts métrages, tous consacrés aux fourmis. Avec Jacques, un autre collègue, pro de la programmation, j'ai écrit et interprété un conte musical scientifique, poétique et robotique, avec des musiciens, François Dorembus et Jean-Luc Amestoy, lors du festival La Novela à Toulouse. Notre représentation alternait discours scientifique sur les comportements singuliers des fourmis et ponctuations musicales. Des « robots fourmis » avaient été programmés pour s'insérer dans le spectacle. Ce fut un succès et une extraordinaire aventure humaine. Les artistes ont une approche créatrice qui rejoint celle des scientifiques. Ce fut également une occasion très ludique de partager nos connaissances avec le public.

Un autre moyen de communiquer est la vidéo. J'ai travaillé avec le réalisateur Jacques Mitsch qui a eu l'idée de faire des courts métrages humoristiques de deux minutes sur les chercheurs, « Qui cherche... cherche », en libre accès sur YouTube. Ce fut l'occasion pour moi de percevoir la difficulté du métier d'acteur, clairement pas dans mes cordes !

Avec les fourmis, on joue sur du velours, les bestioles fascinent car elles semblent offrir un reflet de nos propres sociétés. Mais rien de tel avec le blob, personne ne me demandait jamais de parler du blob... jusqu'au jour où je reçus un email de l'équipe TEDx. Pour être franche, j'ignorais l'existence des conférences TED et pris l'email pour un spam. L'équipe me recontacta alors par téléphone. On m'expliqua le concept : une courte conférence de trois à dix-sept minutes, accessible à tous. Les TEDx abordent un large éventail de sujets, concernant la science, les arts, les questions de société, le sport, la musique, les technologies... On me précisa que, si j'acceptais, je recevrais l'aide d'un coach. Il est vrai qu'en tant que scientifique on donne des conférences sans jamais être vraiment formé à l'exercice. Isabelle, ma coach, me fournit des conseils précieux, mieux vaut tard que jamais !

Le thème du TEDx 2014 était « Même pas mal ». Et je décidai, pour la première fois, de parler du blob et non des fourmis. Les organisateurs, intrigués, acceptèrent. C'est donc entre les récits d'Édith Bouvier, reporter de guerre en Syrie, et de Guillaume Nery, plongeur de l'extrême, que le blob sortit de l'obscurité des laboratoires. Ce jour-là, *Physarum* a fait sa star et connu les feux de la rampe ! La vidéo fut abondamment partagée sur les réseaux sociaux et le buzz dépassa mon entourage. Je fus assaillie d'e-mails, la plupart provenant d'étudiants qui souhaitaient travailler sur le blob. D'autres émanaient de particuliers qui voulaient adopter un blob comme animal de compagnie...

Brainstorming chez les blobs

I MAGINEZ qu'en serrant la main de quelqu'un vous acquériez ses connaissances ! Eh bien, chez les blobs, c'est possible ! Notre étude vient d'être publiée dans *Proceedings of the Royal Society London B*[1]. Nous avons démontré avec David Vogel, mon étudiant de doctorat, qu'un blob qui a appris à ignorer le sel peut transmettre cette connaissance à l'un de ses congénères, tout simplement en fusionnant avec lui ! L'expérience était simple : plus de 2 000 blobs ont appris que le sel était inoffensif. Ils devaient traverser un pont couvert de sel pour rejoindre une source de nourriture, c'était notre groupe de blobs expérimentés. Pendant ce temps, 2 000 autres blobs devaient franchir un pont vierge de toute substance, notre groupe de blobs naïfs.

Au sixième jour, les blobs expérimentés et naïfs furent délicatement déposés côte à côte, formant ainsi des paires de blobs expérimentés, des paires de blobs naïfs ou des paires mixtes. Lorsqu'ils se rencontraient,

1. VOGEL, D. & DUSSUTOUR, A. (2016), « Direct transfer of learned behaviour via cell fusion in non-neural organisms », *Proceeding of the Royal Society London* B, 2016-2382.

les blobs fusionnaient rapidement pour ne former qu'un seul et unique individu. Ces nouveaux blobs devaient ensuite, à leur tour, traverser un pont couvert de sel et leur vitesse de déplacement se trouva précisément mesurée. À notre grande surprise, les blobs mixtes se montrèrent aussi rapides que les blobs expérimentés, et surtout bien plus rapides que les blobs naïfs. L'information avait donc circulé du blob expérimenté au blob naïf. Incroyable, à nouveau !

Forts de cette découverte, nous avons décidé de tester les blobs non plus par paires mais par trios ou quatuors, pour savoir si l'information se transmettait de blob à blob ou si elle se perdait ou encore se transformait en route, façon téléphone arabe. Certains trios et quatuors comportaient uniquement des expérimentés ou des naïfs, et d'autres, plus nombreux, incluaient un seul blob expérimenté. Tous les blobs étaient placés côte à côte sur une ligne et on les laissa fusionner de proche en proche. Même résultat qu'avec les paires de blobs mixtes : quel que soit le nombre de blobs naïfs dans le nouveau blob, il suffisait qu'un seul soit expérimenté pour que l'information circule ! Par exemple, un quatuor formé d'un blob expérimenté et de trois blobs naïfs se montrait aussi performant qu'un quatuor de blobs expérimentés. Génial, non ?

Afin de vérifier que le transfert d'information avait vraiment lieu entre les deux blobs et que le blob expérimenté ne prenait pas simplement le dessus sur le blob naïf, on refit l'expérience, mais cette fois, avant de tester les blobs mixtes après fusion, on les sépara. En clair, un blob expérimenté se trouvait placé à côté d'un blob naïf, et on les autorisait à fusionner. Une heure ou trois heures plus tard, les blobs étaient arrachés l'un à l'autre afin de tester séparément leur comportement face au sel. Seuls les blobs naïfs restés en contact au moins trois heures avec un blob expérimenté ignoraient le sel, alors que les autres présentaient toujours une forte aversion. Ce résultat montrait, d'une part, que le blob naïf en contact avec l'expérimenté avait bel et bien reçu l'information et, d'autre part, que le supplice de la séparation n'avait pas perturbé les blobs plus que ça. Deux bonnes nouvelles !

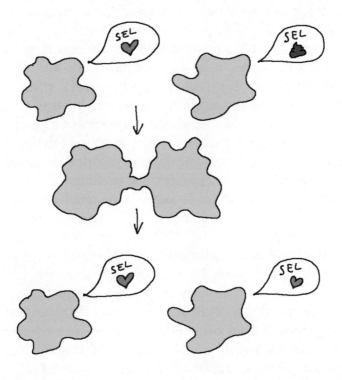

À y regarder de plus près, au microscope, une veine se formait entre les blobs à l'endroit même où ils fusionnaient, nécessitant trois heures pour s'établir. L'information que le blob échangeait avec son congénère circulait dans ses veines ! La prochaine étape, vous vous en doutez, était de faire des apprentissages croisés. Apprendre à un blob A à ignorer la quinine et à un blob B à ignorer le sel. Nous verrions ainsi s'ils pouvaient échanger deux informations et même davantage !

De nombreux collègues neuroscientifiques m'ont contactée à la suite de ces découvertes. Certains m'ont même pris des blobs pour tester leur propre hypothèse sur les capacités d'apprentissage du cerveau humain car la culture des blobs est bien plus facile que celle des neurones. De nombreux chercheurs pensent encore que la mémoire nécessite un cerveau. En démontrant qu'une cellule peut apprendre et transmettre cet apprentissage, nous avons ouvert un large éventail de questions : certaines cellules de notre corps seraient-elles capables d'apprendre ? Si nous parvenons à identifier le substrat matériel de cette mémoire au sein de la cellule, cela ouvrirait une nouvelle voie thérapeutique... Pourrions-nous, au même titre que nous sensibilisons notre organisme aux agents infectieux avec les vaccins, apprendre à nos cellules à ignorer certaines molécules thérapeutiques étrangères afin qu'elles ne soient pas détruites par l'organisme ? Tout comme le blob apprend à ignorer certaines substances aversives mais inoffensives. Avec le blob, le champ des possibles s'élargit sans cesse. Un chercheur m'a même demandé si le blob pouvait développer des addictions. Je n'y avais pas songé, mais rien ne l'empêche. Si le blob apprend en se passant de cerveau, pourquoi ne pourrait-il pas devenir alcoolique ou amateur de drogues ? Le blob se révélerait donc un modèle parfait pour comprendre les comportements plus complexes de nombreux animaux comme l'homme, et notamment les phénomènes d'addiction. En effet, les capacités cognitives se décomposent en mécanismes élémentaires dont certains sont peut-être déjà présents chez le blob. Il ne me restait plus qu'à convaincre les agences de financement !

Malin comme un blob

MAINTENANT que vous vous êtes familiarisé avec les prouesses du blob, diriez-vous qu'il est intelligent ? Commençons peut-être pas définir « l'intelligence ». Selon le *Larousse*, il s'agit de l'aptitude d'un être humain à s'adapter à une situation, à choisir des moyens d'action en fonction des circonstances. Cette définition limite l'intelligence à l'être humain. On a longtemps pensé que l'homme se différenciait des animaux par son intellect. Il est très difficile pour nous, humains, de reconnaître que nous sommes aussi des animaux et que, par extension, une forme d'intelligence existerait aussi chez l'animal.

Lorsqu'il écrivit *De l'origine des espèces*, Darwin évita carrément la question de l'homme. Il y vint plus tard dans deux ouvrages, *La Descendance de l'homme et la sélection sexuelle*, en 1871, et *L'Expression des émotions chez l'homme et les animaux*, en 1872. Il nota alors que l'homme est gouverné par les mêmes lois que le reste de la nature, et que, comme les autres animaux, il descend de formes de vie plus primitives. On le sait, cela ne passa pas comme une lettre à la poste. Notre Assemblée nationale n'a voté qu'en janvier 2015 un amendement qui accorde définitivement aux animaux le statut d'êtres vivants doués de sensibilité ! Avant cette date, le code civil les considérait comme des meubles !

L'intelligence animale apparaît maintenant bien acceptée, et des sites de vulgarisation scientifique donnent des définitions de l'intelligence incluant les animaux. Ainsi, sur Futura Science, on peut lire : « L'intelligence désigne le potentiel des capacités mentales et cognitives d'un individu, animal ou humain, lui permettant de résoudre un problème ou de s'adapter à son environnement. » Mais cette définition ferme la porte aux organismes dépourvus de cerveau.

La science, aussi bizarre que cela puisse paraître, ne reconnaît aucune définition incontestée de l'intelligence. Pour tenter un consensus, Shane Legg et Marcus Hutter, deux informaticiens spécialistes de l'intelligence artificielle, ont rassemblé 70 définitions différentes de l'intelligence et les ont résumées ainsi : « L'intelligence est la capacité à s'adapter à un environnement ou une situation à un moment donné. » Une définition beaucoup plus ouverte, donc. Toutefois, de nombreux scientifiques restreignent l'intelligence aux organismes vivants possédant un système nerveux, ignorant les plantes et les organismes cellulaires. Au grand dam de l'auteur de *Brilliant Green* [1] le neurobiologiste Stefano Mancuso : « La conception que nous avons de l'intelligence – qui serait le produit

1. Mancuso, S. & Viola, A. (2015), *Brilliant Green : The Surprising History and Science of Plant Intelligence*, Island Press, 2015.

du cerveau de la même façon que l'urine est le produit des reins – est une énorme simplification. Un cerveau, sans le corps, produit autant d'intelligence qu'une noix... Les études les plus récentes sur le monde végétal ont démontré que les plantes sont sensibles – et donc douées de sens –, qu'elles communiquent – entre elles et avec les animaux –, dorment, se souviennent et peuvent même manipuler d'autres espèces. Elles peuvent être décrites comme intelligentes. »

Le blob évolue depuis des millions d'années, il a su s'adapter et survivre. Comme on l'a vu, il est capable d'apprendre, d'anticiper et de se nourrir de façon efficace. Il ne fait aucun doute, pour moi qui l'étudie, qu'il fait preuve d'« intelligence » comme nombre de ses compatriotes unicellulaires. De récentes découvertes[1] ont montré que les bactéries, souvent considérées comme de simples petites créatures solitaires, ont également des comportements sophistiqués. Ainsi, elles communiquent entre elles grâce à des mécanismes de signalisation électrique semblables à ceux des neurones du cerveau humain, afin de mieux s'organiser en périodes de disette !

Ces découvertes ne changent pas seulement la façon dont nous considérons les unicellulaires, mais aussi la façon dont nous concevons notre propre cerveau et notre intelligence. Grâce au blob, la question se pose : n'existerait-il pas une forme d'intelligence indépendante du cerveau que l'on aurait négligée ?

1. Prindle, A., Liu, J., Asally, M., Ly, S., Garcia-Ojalvo, J. & Süel, G.M. (2015), « Ion channels enable electrical communication in bacterial communities », *Nature*, 527 (7576), 59-63.

Une forme plus modeste, plus timide, moins spectaculaire… Considérez l'attention récente des scientifiques pour les microbiotes, ces milliards de bactéries qui habitent notre système digestif, et sans lesquelles il nous serait bien difficile d'éliminer un bon repas. Longtemps nous avons ignoré ce peuple de l'ombre désormais dans la lumière, carrément regardé comme un « deuxième cerveau ». Aujourd'hui, nous démontrons que le blob apprend. Je ne serais pas surprise que l'on découvre demain que les bactéries en sont capables également. La portée de ces découvertes serait alors évidente, n'est-ce pas ?

Les études sur tous ces micro-organismes semblent au premier abord un mauvais investissement, quelque peu accessoire dans notre époque actuelle, au regard de recherches plus prioritaires comme le cancer, la maladie d'Alzheimer, etc. Mais pour soigner ces maladies… nous avons souvent besoin de ces micro-organismes ! Prenez par exemple CRISPR (*Clustered Regularly Interspaced Short Palindromic Repeats*), cette technique en passe de révolutionner la science. Elle permet de modifier notre ADN à volonté ! Si vous n'en avez pas encore entendu parler, voici une courte explication : au cours des quatre dernières années, des scientifiques ont compris comment exploiter une bizarrerie dans le système immunitaire des bactéries pour modifier les gènes d'autres organismes (de plantes, de souris et même d'humains). Avec CRISPR, ils sont maintenant capables d'effectuer ces modifications à moindre coût en quelques jours, quand il fallait auparavant des semaines ou des mois. En 2016, les chercheurs ont modifié chez des souris les cellules de moelle osseuse et traité la drépanocytose. CRISPR pourrait également nous aider à développer des cultures tolérantes à la sécheresse, créer des antibiotiques puissants ou lutter contre de nombreuses maladies. Comment les scientifiques ont-ils découvert cette technique ? C'est là où je veux en venir. En 1987, des chercheurs étudiant une bactérie commune, *Escherichia coli* (les personnes qui ont déjà eu des infections urinaires la connaissent bien), ont remarqué des séquences inhabituelles et répétées dans son ADN, séquences dénommées CRISPR. Elles demeurèrent un mystère jusqu'en 2007, lorsque d'autres scientifiques, qui planchaient de leur côté sur la bactérie *Streptococcus*, utilisée pour faire du yogourt, ont montré qu'elles faisaient partie du système immunitaire de *Streptococcus*. Sous l'assaut constant des virus, les bactéries produisent des enzymes pour combattre les infections. Et chaque fois que leurs enzymes parviennent à tuer un virus, d'autres enzymes ramassent les restes du code génétique du virus, le coupent en petits morceaux, puis le stockent dans ces fameuses séquences CRISPR. Les bactéries utilisent ensuite cette information génétique pour repousser les agressions futures, comme si elles piochaient dans une bibliothèque recelant chaque information sur les intrus précédents ! Au départ, cette recherche n'intéressait que les microbiologistes, mais en 2011, des chercheurs découvrirent qu'ils pouvaient leurrer la bactérie et utiliser ce système CRISPR pour découper n'importe quel génome à n'importe quel endroit !

Moralité : en science, aucune connaissance n'est inutile et on ne peut jamais prédire sa portée dès le départ. Un organisme tel que le blob, qui a traversé des centaines de millions d'années, semble dès lors avoir un paquet de choses à nous apprendre !

Automédication chez le blob

Je vous ai appris précédemment que le blob attrape parfois des champignons. Plus vieux, il devient beaucoup plus vulnérable à ces infections. Les champignons proviennent de la nourriture. Autant être honnête, vous aussi, vous inhalez des spores de champignons toute la journée. Vous en avez plein vos vêtements et en avalez même des quantités incroyables ! Rien de grave. Mais quand le blob attrape des champignons, c'est un cauchemar. Un blob infecté se comporte tellement bizarrement que l'on ne peut plus faire d'expérience avec lui. Par ailleurs, comme il partage tout avec ses petits copains, il faut sacrifier tout le monde et laver ensuite les étuves avec des antifongiques.

À toute chose cependant malheur est bon. Après nos expériences de nutrition, j'ai voulu aller plus loin en intégrant les lipides dans l'équation. Tout simplement parce que j'étais intriguée par l'amour démesuré du blob pour le jaune d'œuf. Seulement le jaune, pas le blanc. Or le jaune d'œuf, c'est surtout du gras ! Je décidai donc d'élever des blobs sur trois régimes différents : des régimes sucrés, protéinés ou riches en cholestérol, afin de mesurer leur croissance et leur survie. J'ai confié cette expérience relativement simple à un jeune étudiant, Quentin. Tous les jours, Quentin venait me voir découragé : « Il faut que je recommence toute l'expérience, la moitié des blobs a attrapé des champignons. » J'acquiesçai en exigeant qu'il conserve les blobs infectés en quarantaine : « On ne sait jamais, ça pourra peut-être servir. » Ne rien jeter. De trop nombreuses découvertes sont dues à des accidents de parcours.

Jour après jour, Quentin revenait de plus en plus déprimé. Pour lui, l'expérience était un fiasco et il avait peur pour son rapport de stage. En réalité, ses résultats se révélèrent fascinants. Les blobs sains grossissaient bien plus vite avec des régimes protéinés qu'avec ceux bourrés de cholestérol. Avec les régimes sucrés, c'était l'hécatombe. Mais les blobs infectés de champignons en début d'expérience ne réagissaient pas du tout de la même façon. Ils se développaient beaucoup avec des régimes riches en cholestérol et, plus surprenant encore, les signes d'infection semblaient disparaître. À l'inverse, en mode régime protéiné, c'était la bérézina : les champignons pullulaient jusqu'à entièrement recouvrir le blob qui finissait par y laisser sa membrane (ce n'était pas beau à voir). Je ne vous parle même pas des blobs soumis aux régimes sucrés. Les champignons semblaient donc se régaler du sucre et des protéines. À bien y réfléchir, on voit rarement des moisissures sur de l'huile ou du beurre !

Au vu des résultats, je demandai à Quentin d'offrir à des blobs sains et des blobs infectés trois régimes différents, au choix : un protéiné, un sucré et un plein de cholestérol. À nouveau une sorte de cafétéria. L'intégralité des blobs sains choisit le régime protéiné, alors qu'à l'inverse les blobs infectés optèrent pour le plus gras. Si on les débarrassait de leurs champignons, les blobs anciennement infectés fonçaient eux aussi sur le régime protéiné. Ils choisissaient donc un régime différent selon leur état de santé. Comme lorsque nous ressentons le besoin de manger des frites en pleine gueule de bois...

Nous n'avons pas encore publié ces recherches car nous n'avons pu contrôler le niveau d'infection de nos blobs à ce moment-là. Si le but initial avait consisté à étudier les phénomènes d'automédication chez le blob, on aurait bien sûr inoculé un nombre bien défini de spores à chaque blob, mais notre objectif initial était tout autre. On ne voulait pas de ces infections ! Il faudra refaire ces expériences dans des conditions beaucoup plus contrôlées. Néanmoins, ces résultats prometteurs illustrent les heureux hasards de la science.

Le blob peut-il nous aider à nous soigner ? Il serait, par exemple, susceptible de servir à la recherche pharmaceutique et biomédicale. En effet, de nombreux composés anticancéreux sont déjà produits par des plantes, des micro-organismes et... des blobs ! Par exemple, le piment bleu vert du blob *Arcyria nutans* (arcyriacyanine A) possède une activité inhibitrice unique sur un large panel de lignées cellulaires de cancer humain, dont la lignée Jurkat, établie vers la fin des années 1970 à partir du sang d'un garçon de quatorze ans atteint d'une leucémie. Des extraits du « vomi de chien », *Fuligo septica*, seraient de nature à empêcher la croissance rapide et la division des cellules cancéreuses, comme le carcinome humain du nasopharynx, la partie du pharynx qui se situe à l'arrière du nez. Ces mêmes extraits exercent également une activité antibiotique contre certaines bactéries, telles que *Bacillus subtilis,* et certains champignons, comme *Candida albicans,* responsables de la mycose.

L'heure est au développement de systèmes d'administration de médicaments plus aptes à protéger la molécule de la dégradation ou à distribuer le médicament à un endroit précis, ou même les deux. De nombreuses chimiothérapies ne ciblent pas uniquement les cellules cancéreuses, c'est pourquoi les patients perdent souvent leurs cheveux ou leurs ongles. Il faudrait donc que les substances chimiques utilisées soient convoyées directement vers les cellules atteintes. Par exemple, à l'aide de nanoparticules. Ces particules, qui mesurent un milliardième de mètre, soit un diamètre trente mille fois plus petit que celui d'un cheveu, doivent être capables de conduire le médicament à bonne destination mais aussi, tant qu'à faire, de l'éliminer de l'organisme à la fin du traitement. C'est là où notre blob entre en jeu ! Il produit en effet un polymère facilement absorbable par les cellules tumorales, non toxique in vitro et in vivo, ne déclenchant aucune réaction immunitaire, et même biodégradable.

Le réseau de veines du blob, en particulier sa formation, sert également d'inspiration à la recherche sur le cancer. Pour survivre et se développer, les tumeurs ont besoin d'un approvisionnement en sang. Les priver de cet afflux sanguin serait donc un moyen efficace de lutter contre le développement du cancer. De nombreuses tumeurs hautement invasives peuvent construire un système vasculaire complètement nouveau à partir de cellules-souches tumorales qui se développent, se rencontrent et fusionnent avant de se connecter à la circulation sanguine. Hans-Günther Döbereiner, biophysicien allemand, a montré que le processus de connexion au sein d'une tumeur est mathématiquement identique à ce qui se passe chez le blob[1]. Selon lui, la parfaite compréhension de la formation du réseau veineux du blob apportera une nouvelle arme face au cancer.

Le blob n'est pas seulement docteur, il s'avère aussi écolo. Il soigne notre environnement ! Les blobs sont en effet des décomposeurs et recycleurs de nutriments hors pair. En se nourrissant de bactéries contenant des nutriments, ils libèrent ces derniers dans la biosphère, ce dont profitent plantes et animaux. Ces OVNI du monde vivant seraient d'excellents dépollueurs. Autrefois, le zinc présent naturellement dans l'air, l'eau et le sol se révélait inoffensif. Mais depuis le boum industriel, la majorité du zinc présent dans l'environnement provient d'activités humaines polluantes telles que l'industrie de l'acier ou l'exploitation minière. La quantité de zinc ne cesse d'augmenter avec des conséquences désastreuses pour la faune et la flore. Or notre fameux *Fuligo septica*, le « vomi de

1. FESSEL, A., OETTMEIER, C., BERNITT, E., GAUTHIER, N.C., & DÖBEREINER, H.G. (2012), « Physarum polycephalum percolation as a paradigm for topological phase transitions in transportation networks », *Physical Review Letters*, 109 (7), 078103.

chien », assimile jusqu'à 23 grammes de zinc par kilo, soit mille fois plus que le corps humain, sans en être affecté. Comment un organisme vivant tolère-t-il de telles concentrations ? Cela reste un mystère. Le percer nous servirait grandement dans l'avenir !

À l'heure actuelle, la recherche sur le blob bénéficie d'un second souffle. Tout cela a été rendu possible grâce à des scientifiques comme Toshi, qui ont compris très tôt que le blob était un individu à part entière, doué d'intelligence, capable de nous inspirer et de nous renseigner sur nos origines, et non une simple grosse cellule.

Le blob ne constitue pas un pathogène, il n'est pas invasif, il n'embête personne. Il se tient paisible, mais n'a pas de réelle valeur économique. Il n'est même pas bon à manger, sauf pour une tribu d'Amérique du Sud. Cependant, il se révèle vital pour le fonctionnement de nos écosystèmes. Ses particularités en font un être unique qui pourrait bien, un jour, sauver des vies !

J'ai un chien à la maison...

J E suis éthologiste, spécialisée dans l'étude des blobs et des fourmis. L'éthologie, c'est l'étude du comportement animal. Une discipline facilement accessible au grand public, ce qui constitue un avantage... mais aussi un inconvénient. Beaucoup de gens s'estiment experts à partir du moment où ils possèdent un animal. Je ne compte plus le nombre de fois où j'ai entendu « Ah, étudier le comportement animal c'est facile, j'ai un chien à la maison ». Sans parler des réflexions de certains collègues sur le mode « J'ai tout compris à ta conférence, donc ça doit être facile d'étudier le comportement des animaux ». Quelques-uns croient encore que, pour paraître intelligent, il faut être incompréhensible...

La connaissance directe des animaux et autres organismes vivants – ce qu'ils sont, où ils vivent, ce qu'ils mangent, pourquoi ils se comportent comme ils le font, comment ils meurent, leurs relations avec les autres organismes vivants – est vitale pour la science et la société. 75 % des maladies infectieuses émergentes affectant les humains sont associées, à un moment donné de leur cycle de vie, à d'autres animaux. De nombreuses stratégies utilisées pour lutter contre ces maladies reposent sur la compréhension des animaux. Cela influe sur leur transmission, leur propagation et leur prévalence. C'est fondamental pour prédire la dynamique de ces pathologies, réduire les taux d'infection et sauver des vies. Ces maladies liées aux animaux sont la grippe aviaire, le typhus grippal, la maladie de Lyme, la rage, etc.

Dans la même veine, comprendre comment les organismes vivants rivalisent et se défendent contre les prédateurs et les pathogènes tout au long de leur vie ouvre de nouvelles voies à la prospection pharmaceutique tout en stimulant le développement de médicaments. À l'inverse, le manque d'informations sur le comportement d'espèces économiquement importantes, comme les poissons ou les ravageurs de cultures, peut se révéler désastreux. Dans le nord-ouest du Pacifique, les gestionnaires de l'eau ont enlevé de grands rondins des rivières afin de faciliter la migration du saumon. Après que des centaines de ruisseaux eurent été défrichés, on se rendit compte que les saumons avaient en fait besoin de ces débris ligneux. Et des millions sont désormais dépensés pour remettre des rondins dans les ruisseaux...

La connaissance des animaux et de leur interaction permet d'augmenter les rendements, d'économiser de l'argent et de réduire les dommages causés à l'environnement en remplaçant par exemple les pesticides par les ennemis naturels de certains ravageurs. Or, aujourd'hui, on assiste impuissant au recul de l'éthologie. Cette science, jugée non prioritaire au regard des fameux « défis sociétaux », voit baisser ses financements. En mai 1996, disparaissait Elly Nannenga-Bremekamp, une des plus grandes spécialistes au monde des blobs, sa collection a été transférée au Jardin botanique national de France. L'herbier comprend 17 399 descriptions de blobs, 14 296 blobs séchés soigneusement conservés dans des boîtes d'allumettes, environ 6 500 dessins et 11 575 préparations microscopiques. Il ne reste presque plus de naturalistes comme Elly.

Bien sûr, la science s'est modernisée. Nous disposons de techniques de plus en plus puissantes pour analyser les données, des équipements plus sophistiqués pour faire des observations. Cela rend-il la science meilleure ? L'éthologie repose aussi sur des technologies modernes mais dans une moindre mesure. Or, il est de plus en plus difficile de publier dans de très grands journaux si on n'utilise pas tout le spectre des nouvelles technologies : protéomique, CRISPR, microscopie photonique, optogénétique... il faut que ça brille ! Les belles photos d'imagerie sont préférées à d'austères histogrammes. Mais l'utilisation d'une technique de pointe pour recueillir une quantité incroyable de données fait-elle forcément une bonne science ? Pas sûr ! Ce qui compte, c'est la façon dont l'expérience est conçue pour recueillir et analyser des données, soit la créativité et l'ingéniosité qui ont présidé à cette conception. Les études sur les blobs ne requièrent pas des technologies révolutionnaires mais elles nécessitent de penser

autrement, *out of the box* (« en dehors de la boîte »)
comme disent joliment les Anglais. Par exemple, tenter de se mettre à la place du blob pour mieux comprendre son comportement !

Un cousin célèbre dans la famille

L E blob est un organisme unique. Tout chez lui
interpelle. Il a un statut à part, à cheval, si j'ose dire,
entre l'animal et le champignon, entre l'être unicellulaire et multicellulaire, entre le micro et le macrosco-
pique. Le blob illustre toutes les grandes transitions
évolutives. Il peut nous renseigner sur l'émergence du
règne animal et sur l'apparition de la « multicellula-
rité ». En effet, les premiers organismes apparus sur la
Terre il y a environ 3,5 milliards d'années, soit environ
un milliard d'années après la formation de la Terre,
étaient unicellulaires. Des formes de vie plus complexes
ont pris plus de temps à évoluer, les premiers animaux
multicellulaires n'apparaissant par exemple que vers
600 millions d'années avant notre ère. L'évolution de la
vie multicellulaire à partir d'unicellulaires a constitué
un moment crucial dans l'histoire de la biologie.
Qu'est-ce qui a poussé des unicellulaires à s'associer
pour former des organismes multicellulaires et à rester
ainsi ? La réponse couramment acceptée est l'avantage
de la coopération, car les cellules bénéficient plus de
travailler ensemble que de vivre seules. Le blob est une
cellule géante, donc un hybride entre un unicellulaire

et un multicellulaire, son étude peut nous renseigner sur cette importante transition. Il n'est pas tout à fait le seul. Un de ses proches cousins est aussi une source d'informations. Un cousin presque aussi doué mais bien plus célèbre, en tous les cas chez les scientifiques. À la différence du blob, *Dictyostelium discoideum* n'est pas une cellule géante, il a la taille d'un globule blanc. Dicty, de son petit nom, possède une particularité : il est à la fois unicellulaire et pluricellulaire, un casse-tête pour les chercheurs qui aiment tant ranger les choses dans des cases...

Dicty est une cellule issue de la germination d'une spore mais, contrairement au blob, il se divise toutes les trois heures. Ainsi, une cellule de Dicty donne deux nouvelles cellules. Au lieu de former un blob géant, Dicty crée donc une colonie de millions de cellules. Lorsque les conditions deviennent mauvaises – en l'absence de bactérie à grignoter par exemple –, les cellules de la colonie s'échangent des signaux chimiques afin de se regrouper et de former un amas de cellules. Ces signaux attirent les colonies voisines affamées. Au bout d'un moment, cet amoncellement se transforme en une sorte de limace de 2 millimètres de long. À l'intérieur, nos *Dictyostellium discoidum* vont alors se différencier. Certains feront office de bouches pour engouffrer des bactéries. D'autres se découvriront une vocation de sentinelles et agiront comme un système immunitaire pour protéger la limace des bactéries indésirables. D'autres encore se prépareront à devenir des spores. Les Dictys coopèrent entre eux pour former un organisme multicellulaire, un peu comme lorsque l'on assemble des Lego. La limace ainsi constituée migre ensuite lentement (à raison de 1 millimètre par heure) à la recherche d'un endroit pour sporuler. Au cours de son périple, elle continue de manger des bactéries, accueille quelques Dictys retardataires et peut même fusionner avec une autre limace si elle en croise une. Une fois parvenue à l'emplacement idéal, elle lève la tête vers le ciel et se transforme. Les Dictys positionnés sur la tête meurent pour former une tige rigide afin que les autres Dictys puissent y grimper.

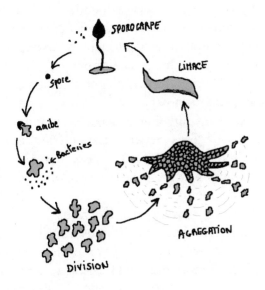

Ces Dictys (environ un cinquième de la limace) se sacrifient pour offrir un chemin à leurs camarades. C'est pourquoi on dit que *Dictyostelium discoideum*, est une « amibe sociale » ! Les Dictys restants montent alors sur la tige et génèrent des spores, emportées par le vent, par des insectes ou par les animaux qui passent. De ces spores émergeront des amibes qui engendreront à leur tour des colonies.

En 2011, une équipe de chercheurs américains dirigée par Joan Strassmann a démontré que le cousin du blob avait réussi à inventer une agriculture primitive ! Jusqu'alors, on pensait que l'agriculture était le propre des hommes et des fourmis champignonnistes, qui, comme leur nom l'indique, cultivent des champignons. Chez les Dictys, certaines cellules emportent des bactéries avec elles et les conservent pendant la transformation de la limace en spores. La spore après avoir germé rejette ses bactéries vers l'extérieur pour démarrer de nouvelles cultures. Plus fascinant encore, comme chez les blobs, les Dictys adoptent des comportements différents. On distingue ainsi les laborieux agriculteurs prenant des bactéries dans leurs bagages et les opportunistes cueilleurs voyageant légers. La même équipe de recherche a montré que les bactéries transportées par les agriculteurs protègent la limace contre les toxines de l'environnement ! Comme chez les blobs, les Dictys comptent en leurs rangs des individus plus altruistes que d'autres. En observant les limaces, les chercheurs ont découvert que certains Dictys se sacrifient pour le bien de la communauté, alors que d'autres font tout pour devenir des spores, les seules cellules qui survivront. Eh oui, ce sont souvent les tricheurs qui s'en sortent le mieux... mais, s'il n'y avait que des tricheurs, le système ne fonctionnerait plus !

Se sacrifier pour la science

J'AI voulu devenir chercheuse dès mon entrée à l'Université. Le métier me faisait rêver. J'avais en tête l'image du savant fou tentant toutes sortes d'expériences étranges dans son laboratoire. Mais, en première année, je ne savais pas exactement dans quel domaine je voulais chercher : génétique, astrophysique, neurosciences ? C'est seulement en troisième année que l'étude du comportement animal, ou éthologie, s'imposa comme une évidence. Lors de mon premier cours d'éthologie, je fis la rencontre d'un professeur extraordinaire, Raymond Campan, père de l'éthologie en France. Il me fit découvrir une discipline qui m'était jusque-là inconnue, et que je confondais, je l'avoue, avec le documentaire animalier. Je fus conquise dès le premier cours. Raymond Campan était animé d'une passion que je n'avais encore jamais rencontrée. Son cours consistait en des débats et des projections de vieux films d'expériences. On y voyait des pigeons utiliser des outils, des oies s'identifier à l'homme. Je lui demandai de faire un stage avec lui, mais il refusa. Proche de la retraite, il ne souhaitait pas s'engager, m'expliqua-t-il. Mais j'avais le sentiment qu'il testait ma motivation. Je décidai donc, après ma licence, de suivre deux masters 1 en même temps. L'un en écologie et l'autre en neurosciences, afin de prouver ma motivation, et aussi parce que l'éthologie est une discipline un peu à la frontière. Cette année-là fut rocambolesque. Beaucoup de mes cours avaient lieu en même temps. Or, contrairement au blob, il m'était impossible de me diviser. Mais devant une telle motivation, Raymond Campan finit par craquer et m'autorisa à travailler avec lui sur le comportement des abeilles. Ce fut le début d'une grande amitié. Bien sûr, le stage était non rémunéré et ce fut donc également une période de disette. En particulier l'été, car les aides financières pour les étudiants issus de famille modeste s'arrêtent brutalement en juin. Pas grave, j'aimais beaucoup les pâtes ! Surtout, ce stage me montra que j'avais bel et bien trouvé ma voie, malgré un aller-retour à l'hôpital qui me fit découvrir que j'étais aussi allergique aux abeilles qu'aux souris. Mes allergies ont orienté le choix des animaux que j'ai voulu étudier tout au long de ma carrière…

La recherche est une route pavée d'embûches. Le premier obstacle est l'entrée en doctorat. Jusqu'au master 1, c'est-à-dire pendant quatre ans, ce sont les plus patients et les plus persévérants qui survivent. Après le master 2 arrive la première sélection : seul un étudiant sur cinq obtient une bourse de thèse du ministère (un salaire pour trois ans). Comme la deuxième année du master consiste en un stage de longue durée en laboratoire, il faut très vite dégotter un maître de stage. Un heureux concours de circonstances me fit croiser un jour dans un couloir Jean-Louis Deneubourg, spécialiste du comportement, justement à la recherche d'un stagiaire pour le travail qu'il menait en Belgique ! À l'issue du master, j'eus la chance en 2001 d'obtenir une bourse de thèse, que je décidai d'effectuer entre Toulouse et Bruxelles, ne pouvant me résoudre à quitter Jean-Louis !

Je vivais quasiment au labo. J'arrivais à 8 heures et je ne partais pas avant 21 heures. Je venais aussi tous les week-ends. Je m'étais même rasé la tête pour économiser le temps de coiffage. La thèse est un milieu clos. Vous ne voyez plus personne à part les autres thésards qui deviennent vos plus proches amis. Le peu de vacances que vous avez, vous les passez avec eux. Pendant ma thèse, je suis partie trois mois aux États-Unis, à Urbana Champaign dans l'Illinois, pour travailler et surtout améliorer mon anglais. Eh bien, je ne connais d'Urbana Champaign que la route entre le labo et mon appartement de l'époque. Mes collègues étant costaricains, mon anglais a pris l'accent espagnol. Trois ans plus tard, en décembre 2004, 20 centimètres de cheveux en plus et 10 kilogrammes en moins, j'ai soutenu ma thèse devant mes collègues, mes amis et ma famille. C'est le moment où vos proches comprennent enfin pourquoi ils ne vous ont pratiquement plus vue. Je garde un souvenir ému du regard fier de mon père, resté silencieux toute la journée, lui d'habitude si bavard.

Après la thèse, pas le temps de chômer, je suis partie sans tarder en post-doctorat au Canada. J'avais obtenu un contrat pour travailler sur les chenilles processionnaires, ayant fait une overdose de fourmis pendant mon doctorat. Là aussi, il a fallu bûcher dur, faire connaissance avec les chenilles, comprendre comment elles fonctionnent. Une fois encore, j'avais mal choisi mon modèle. Il fallait venir tous les week-ends nettoyer leur nid afin d'éviter les contaminations... Ma vie sociale se limita à nouveau au labo ! Au terme de cette année et demie, je partis pour un post-doctorat de trois ans en Australie sur les fourmis qui, finalement, m'avaient un peu manqué. Dans la recherche, les voyages aux quatre coins du monde sont aussi fréquents... que les ruptures sentimentales. Les jeunes chercheurs, en quête d'un poste fixe, accumulent des CDD de deux ou trois ans un peu partout dans le monde, ce qui peut se révéler très difficile si, dans ses bagages, on doit emporter un conjoint ou un enfant.

Pour ma part, je souhaitais par-dessus tout entrer au CNRS. Je croyais connaître la compétition mais le concours du CNRS me prouva le contraire. Dans la section neurosciences et comportement, cinq postes par an sont ouverts pour plus d'une centaine de candidats du monde entier, tous plus excellents les uns que les autres. Les candidats, dont la moyenne d'âge dans ma discipline est de trente-cinq ans, sont auditionnés quinze minutes et questionnés vingt minutes. Les trente-cinq minutes les plus importantes de ma vie. Quand j'aperçus mon nom sur la liste des reçus, je fondis en larmes. Le rêve se réalisait.

Je suis donc revenue à Toulouse en janvier 2009, après quatre années d'exil, pensant à tort que, à trente et un ans, j'allais enfin pouvoir souffler un peu et profiter de ma famille. C'était sans compter « le nerf de l'argent ». Il me fallait absolument trouver de quoi mener mes recherches. Le CNRS vous fournit un lieu de travail et un salaire, mais pas les moyens suffisants pour faire la recherche proprement dite. C'est à chacun de se débrouiller. Pour obtenir de l'argent, il faut publier, et « bien » publier. Et pour bien publier, il faut faire des expériences originales et diligentes. À mon retour à Toulouse, je me lançai donc dans l'expérience la plus laborieuse de ma carrière. Elle consistait à comprendre le lien entre nutrition et longévité chez les fourmis. Je choisis une espèce censée avoir une durée de vie courte : deux mois, car j'avais prévu de venir tous les jours faire des relevés. Résultat des courses : mes fourmis ont vécu plus de quatre cents jours et je me suis donc rendue au laboratoire quotidiennement pendant plus d'un an. Le seul jour de « repos » que je me permis cette année-là fut pour aller enterrer mon père. La recherche est ainsi, elle vous prend toute votre vie.

À dix-huit ans, je pensais qu'être chercheur, c'était faire des expériences toute la journée. Vingt ans plus tard, je suis contente quand j'arrive à sortir de mon bureau pour travailler dans mon laboratoire. La quête de financement me prend au moins 10 % du temps, mon activité d'éditeur et de relecteur d'articles 15 %, l'écriture d'articles 15 %, la participation à des concours et à l'évaluation d'autres chercheurs encore 15 %, la formation d'étudiants 20 %, les conférences et la vulgarisation 10 %, les réunions diverses et variées 5 %. Il me reste donc une demi-journée par semaine pour faire de la recherche... Je bichonne ces 10 % !

Le principal problème dans ce métier, c'est que vous n'arrêtez jamais. Quand vous partez en vacances, le travail grossit, comme le blob. Et vous recevez des emails 24 heures sur 24, par exemple de vos collègues australiens, en pleine activité quand vous dormez. Alors on pare au plus pressé. Dans la recherche, on ne reporte pas les non-urgences au lendemain, on les reporte au semestre suivant. Aujourd'hui, j'ai deux ans de travail en attente.

Mes travaux me réveillent souvent la nuit, quand je ne trouve pas la solution à un problème. Le stress peut aussi vous tenir éveillé. Curieusement, c'est toujours à 5 heures du matin que vous vous souvenez de ce que les Anglais appellent la « deadline ». En français c'est moins dramatique : « date limite ». Il m'est arrivé de me lever la nuit pour finir un projet après avoir réalisé que la « deadline » était à l'heure australienne et non à l'heure européenne… Parfois, en discutant avec James, mon conjoint, qui n'est pas chercheur, je perçois l'absurdité de ce stress, mais cela ne le fait pas disparaître pour autant. Heureusement, James est un artiste, et il comprend l'angoisse du chercheur courant après la reconnaissance.

Pourtant, cette image du chercheur travailleur n'est pas celle qui domine. Pour beaucoup de gens, le chercheur est un fonctionnaire oisif. Certains médias véhiculent des poncifs péjoratifs. Je me souviens des propos d'Hélène Pilichowski, éditorialiste de l'émission *C dans l'air*, le 25 septembre 2015 : « Moi qui suis grenobloise… Il y a des centres de recherche énormes à Grenoble avec des gens nommés à vie. Comment voulez-vous qu'on cherche et surtout qu'on trouve pendant toute une vie ? Quand ils arrivent à vingt-cinq ans, vingt-huit ans, ils sont pleins d'ardeur et puis après ils vont sur les pistes de ski et dans les clubs de tennis, à Grenoble c'était comme ça, c'étaient tous les chercheurs qui étaient là, bien évidemment ! Ils sont nommés à vie, c'est terrible, ça n'a pas de sens ! » Cette opinion révélait une méconnaissance totale du métier de chercheur. À vingt-cinq ans, un chercheur n'a pas son doctorat ! De surcroît, comment diable fait cette éditorialiste pour identifier un chercheur sur les pistes de ski ? Porte-t-il une blouse de labo ? Je me souviens aussi de Nicolas Sarkozy, qui, en tant que président de la République, a prétendu que les chercheurs ne se rendaient dans leur laboratoire que « parce qu'il y avait de la lumière et du chauffage ». En septembre 1944, Frédéric Joliot-Curie, prix Nobel de chimie en 1935, déclara que, si une bombe tombait sur le CNRS et le détruisait, « ce serait plus grave que si elle tombait sur un gouvernement », parce qu'« on retrouverait immédiatement des membres pour ce gouvernement, mais on ne retrouverait pas immédiatement les hommes capables de créer ».

Une autre légende urbaine veut que les chercheurs ne soient pas évalués ou alors seulement par leurs pairs. Mieux vaut en rire. Tous les ans, nous devons rendre un rapport d'activité à notre directeur de laboratoire, et tous les deux ans rédiger un rapport d'une vingtaine de pages, évalué au niveau national par un comité de chercheurs experts de la discipline, qui va ensuite donner un avis sur notre recherche. Nous sommes en fait évalués tout au long de notre carrière. Chaque article que nous soumettons à une revue est aussi l'occasion d'une évaluation impitoyable de notre travail par deux ou trois experts étrangers indépendants, parfois nos concurrents directs ! Si je soumets six articles par an, cela veut dire que je suis évaluée environ tous les deux mois !

Bien sûr, il s'agit du regard de nos pairs, mais comment faire autrement ? Il faut bien que l'évaluateur comprenne ce qu'il audite. Je ne m'imagine pas évaluer un chercheur en biologie moléculaire, comme saurais-je si ce qu'il fait est pertinent dans le paysage international ?

Si l'on ne veut pas voir son salaire plafonner jusqu'à la fin de sa carrière, on peut devenir directeur de recherche mais, là encore, il faut faire ses preuves. D'abord, passer un nouveau diplôme : l'habilitation à diriger des recherches, ou HDR. Comme pour une thèse, cela nécessite de rédiger une centaine de pages présentant les travaux effectués et ceux à venir, puis de soutenir cette thèse devant un jury d'experts. Une fois le HDR en poche, il reste à passer un concours national pour décrocher un des postes de directeur de recherche. Le concours se fait sur dossier, suivi d'une présentation orale à Paris. Dans mon domaine, on compte en moyenne une soixantaine de candidats par an pour cinq positions. La carrière d'un chercheur n'est pas un long fleuve tranquille ! Si vous faites le calcul des probabilités de pouvoir entrer en thèse, trouver des post-doctorats, décrocher le concours, obtenir une promotion, vous avez peut-être plus de chance de gagner au loto !

Être une femme ajoute un chouïa de difficultés. Nous devons davantage faire nos preuves, tout en subissant parfois des commentaires désagréables. Dans une expérience maintenant célèbre, Corinne Moss-Racusin[1], psychologue sociale au Skidmore College, a cherché à savoir si les professeurs des établissements universitaires, en dépit de leur formation à la recherche scientifiquement objective, avaient des préjugés sexistes implicites envers les femmes. Elle a créé deux curriculum vitae fictifs d'un candidat au poste de chercheur, parfaitement identiques à une différence près, le nom de la personne : John ou Jennifer. Elle a ensuite demandé à plus d'une centaine de professeurs de biologie, de chimie et de physique, d'évaluer les CV. Vous me voyez venir. Malgré des qualifications identiques, Jennifer a été perçue comme beaucoup moins compétente que John. Les professeurs ont également recommandé de la payer 13 % de moins ! Plus déprimant encore, les profs femmes, elles aussi, favorisaient John…

Au fur et à mesure que l'on progresse dans la hiérarchie, les femmes se font rares. Le fameux plafond de verre existe également dans la recherche. La médaille d'or du CNRS, décernée une fois par an, n'a été attribuée à une femme que trois fois… depuis 1954. Le CNRS et l'Université, conscients de ce problème, ont

---

1. MOSS-RACUSIN, C.A., DOVIDIO, J.F., BRESCOLL, V.L., GRAHAM, M.J. & HANDELSMAN, J. (2012), « Science faculty's subtle gender biases favor male students », *Proceedings of the National Academy of Sciences*, 109 (41), 16474-16479.

mis en place des systèmes pour favoriser la parité. Mais il y a un revers. Il est maintenant obligatoire d'avoir au moins un tiers de femmes dans chaque jury de thèse ou de master et il m'est arrivé maintes fois de recevoir des coups de fil de collègues du genre : « Serais-tu disponible tel jour, j'ai besoin d'une femme pour mon jury ? » Vous n'êtes plus contactée pour votre expertise mais pour votre utérus !

La recherche est un métier de passion. Au point que, une fois à la retraite, 75 % des chercheurs demandent un « éméritat », titre qui permet de continuer à exercer ses activités scientifiques sans aucune rétribution salariale. Les scientifiques se plaignent rarement de leur salaire, pourtant loin de convenir à leur niveau d'études. En 1981, un chargé de recherche entrant au CNRS gagnait l'équivalent de quatre SMIC. En 2016 il peut espérer moins de 1,5 fois le SMIC (alors qu'il a un diplôme bac + 8, rappelons-le). Ils ne lésinent pas non plus sur le temps passé au travail : entre cinquante et soixante heures en moyenne. Et pourtant, malgré tout ces sacrifices, la seule chose dont les chercheurs se plaignent, c'est du manque d'argent pour mener leurs travaux dans de bonnes conditions. Personnellement, je ne regrette aucun des sacrifices que j'ai faits pour entrer au CNRS. J'adore mon travail au sein de cet organisme. Imaginez ma chance : j'apprends des choses tous les jours. Je travaille avec des gens merveilleux qui partagent ma passion. Et les journées ne se ressemblent pas, vertu rare dans le monde du travail.

Le blob connaît le bouton
« reset »

O N a tous un jour rêvé de trouver la fontaine de
jouvence, de devenir immortel. Un superpouvoir
que l'on trouve chez les superhéros mais aussi chez les
blobs ! Quand le blob se trouve dans des situations
très difficiles, par exemple en période de sécheresse, il
entre en hibernation. Il se dessèche et devient orange
foncé. On pourrait presque croire qu'il meurt ! On
appelle cet état le sclérote. En fait, il peut se maintenir
ainsi plusieurs années, et se réhydrater soudain s'il se
met à pleuvoir, par exemple. En laboratoire, cette
faculté est une bénédiction. Dès que je termine mes
expériences, je déshydrate le blob et je le range dans
une armoire jusqu'à de prochaines aventures expéri-
mentales. Je conserve ainsi mes trois blobs depuis plus
de cinq ans ! La compagnie qui les vend aux États-
Unis garde dans ses réserves le blob américain sous
forme de sclérote depuis plus de cinquante ans !

Le blob peut tout de même vieillir. Au début, si
vous l'hydratez, il est en forme et double, voire triple
de volume tous les jours. Mais, au fil du temps, il

grandit moins vite. Après trois ou quatre mois, il commence à rétrécir, à devenir blanchâtre et finit par mourir. Par contre, si vous le déshydratez pendant son déclin pour qu'il forme un sclérote, et que vous le réhydratez ensuite, toute trace de dégénérescence disparaît. Un peu comme un ordinateur : vous laissez votre PC allumé pendant des mois, il fonctionne de moins en moins bien, vous le redémarrez, il est comme neuf. Le blob a lui aussi un bouton « reset ». Jusqu'à preuve du contraire, il pourrait donc vivre éternellement, du moins en laboratoire avec les conditions idéales : de l'obscurité, de l'eau, des flocons d'avoine et aucun prédateur.

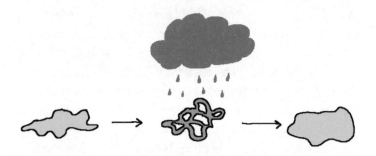

Tous les blobs connus vivent sur terre, ce qui suggère qu'ils étaient les tout premiers pionniers. Ils seraient même arrivés des centaines de millions d'années avant les animaux ou les plantes. Mais comment connaît-on l'origine des blobs ? Il faut d'abord trouver des fossiles et de faire une analyse morphologique. Les quelques blobs fossiles découverts dans de l'ambre de la Baltique datent de l'éocène, soit 50 millions d'années avant notre ère, laissant à penser que le blob a peu changé morphologiquement. Mais on sait qu'il est encore plus vieux que ça. Seulement, il n'est pas simple de trouver des fossiles de quelque chose de gélatineux... La deuxième approche est de passer par la génétique. Les génomes contiennent en effet des traces de l'histoire des organismes. Leur étude positionne l'émergence des blobs entre un milliard et 500 millions d'années. Sandra Baldauf m'a dit un jour : « Ils sont peut-être aussi vieux que l'écosystème terrestre. » Le blob aurait-il découvert la pierre philosophale, capable de prolonger l'existence au-delà de ses bornes naturelles ? Et s'il nous en révélait le secret ?

Deux organismes connus peuvent se targuer d'avoir la vie éternelle. Une méduse, appelée *Turritopsis dohrnii*, dont la recette de jouvence réside dans la maturité, ou plutôt, dans son absence. Je m'explique. Habituellement, la méduse devient sexuellement mature, se reproduit, puis ses tentacules se rétractent, son corps rétrécit et elle s'enfonce dans l'océan, redevenant sexuellement immature. Ensuite le cycle recommence. Elle ne meurt que si elle est consommée par un poisson ou si elle échoue sur une plage. L'autre immortel est l'hydre, un petit invertébré. Dans les mythes de la Grèce antique, l'Hydre était un monstre à plusieurs têtes. À chaque fois qu'on lui en coupait une, il lui en repoussait deux. En réalité, l'animal est encore plus tenace que la bête mythique. Contrairement à la plupart des espèces multicellulaires, l'hydre ne présente aucun signe de détérioration dû à l'âge.

La plupart de ses cellules sont des cellules-souches, c'est-à-dire capables de se diviser continuellement pour devenir n'importe quel type de cellule. Chez l'homme, la majorité des cellules-souches n'est hélas présente que dans les premiers jours du développement de l'embryon...

Nous serons sans doute un jour en mesure de connaître les raisons de cette immortalité et, qui sait, d'appliquer ce que nous découvrons sur les blobs, les méduses ou les hydres, à l'être humain pour contrecarrer certaines maladies liées au vieillissement et ainsi prolonger des vies... Ne négligeons pas ces êtres étranges qui pourraient nous paraître insignifiants. Personnellement, j'aurais bien besoin de plusieurs vies pour terminer mes recherches sur le blob !

Remerciements

Je remercie James, ma famille et mes amis, pour leur soutien.

Je remercie Olivia pour m'avoir offert l'occasion de faire partager mon quotidien de chercheur, pour avoir relu et corrigé cet ouvrage, pour sa patience et ses conseils avisés.

*Reproduit et achevé d'imprimer
par Corlet Imprimerie
à Condé-sur-Noireau
en avril 2017.
Dépôt légal : avril 2017.
Numéro d'imprimeur : 189013.*

ISBN 978-2-84990-498-5./Imprimé en France.